DIALECTIQUE
1555

DU MÊME AUTEUR

° *Méthode et Dialectique dans l'oeuvre de La Ramée. Renaissance et âge classique*. Vrin, 1984.

° *Traité de l'Enchaînement des idées fondamendales dans les sciences et dans l'histoire*. Oeuvres Complètes de Cournot. Tome III. Vrin, 1982.

° *De l'origine et des limites de la correspondance entre l'algèbre et la géométrie*. Oeuvres complètes de Cournot.Tome VI-2. Vrin, 1989.

° *Correspondance philosophique Maine de Biran- Ampère* (en collaboration) . Tome XIII-1 des Oeuvres de Maine de Biran, Vrin, 1993.

° *Maine de Biran, Correspondance philosophique, 1766-1804* (en collaboration). Tome XIII-2 des Oeuvres de Maine de Biran, Vrin, 1995.

° *Maine de Biran, Correspondance philosophique, 1805-1824* (en collaboration). Tome XIII-3 des Oeuvres de Maine de Biran, Vrin, 1995.

DE PÉTRARQUE À DESCARTES
Fondateur : Pierre MESNARD
Directeur : Jean-Claude MARGOLIN
LXI

PIERRE DE LA RAMÉE

DIALECTIQUE 1555

UN MANIFESTE DE LA PLÉIADE

Texte modernisé par
Nelly BRUYÈRE
Maître de Conférences à l'Université de Nantes

PARIS
LIBRAIRIE PHILOSOPHIQUE J. VRIN
6, Place de la Sorbonne, V^e
1996

Printed in France
ISSN 0418-4459
ISBN 2-7116-1268-6

AVANT-PROPOS

En 1555, chez l'imprimeur parisien André Wechel, paraît la Dialectique *de Pierre de la Ramée. C'est le premier ouvrage que celui-ci publie chez A. Wechel qui deviendra dès lors son éditeur attitré. Successeur de Bogard, Wechel a intégré les serpents entrelacés et les mains croisées de son prédécesseur sous son Pégase ailé qui prend appui sur deux cornes d'abondance. Le privilège du 13 septembre 1555 est accordé à A. Wechel pour la "Dialectique de Pierre de La Ramée, à Charles de Lorraine, Cardinal, son mécène".*

Cependant, Ramus ne fait pas ses débuts dans l'édition. Depuis 1543, il a déjà publié une quinzaine de traités dialectiques en latin, accompagnés ou non de commentaires explicatifs, les Praelectiones... *avec l'aide de son ami Omer Talon, et plusieurs ouvrages polémiques contre Aristote et ses interprètes, les* Aristotelicae Animadversiones.

Mais c'est la première fois qu'il publie en langue française. C'est même le premier ouvrage philosophique écrit en français, qui invoque la "lumière naturelle" ! A l'époque où s'élaborent les premières grammaires françaises (celle de L. Meigret, celle que lui-même publiera en 1562), La Ramée et ses collaborateurs enseignent déjà au Collège de Presles — et ce n'est pas dépourvu d'originalité — les disciplines nouvelles comme les langues anciennes, dans la langue de du Bellay. Dans sa Préface, notre auteur précise son intention : "Et voici soudainement quand je retourne des écoles Grecque et Latine et désire, à l'exemple et imitation des bons écoliers, rendre ma leçon à la patrie, en laquelle j'ai été engendré et élevé, et lui déclarer en sa langue et intelligence vulgaire, le fruit de mon étude, j'aperçois plusieurs choses répugnantes à ces principes, lesquelles je n'avais pu apercevoir par tant de disputes. Et pour ce, je coupe et ôte une grande partie de ce que j'avais amassé paravant" (p. IX).

En effet, l'expression en français va s'accompagner de profonds remaniements conceptuels et d'un nouveau plan bipartite. Des trois sections qui composaient ses précédents traités dialectiques, La Ramée ne conserve que les deux premières : l'Invention et le Jugement. L'"Exercitatio" disparaît et, avec elle, la dichotomie terminale, memento récapitulatif des instances et des figures dialectiques, véritable tableau synoptique sacrifiant à la tradition des arts de mémoire et préfiguration de la méthode divisive de Bacon et de Leibniz, voire des classifications scientifiques et de leurs embranchements. Les fragments éclatés de l'"Exercitatio" seront recueillis dans les éditions postérieures des

Praelectiones *ainsi qu'aux livres XIX et XX des* Animadversiones. *L'importance de l'exercice ne cesse pourtant pas d'être affirmée dans cette* Dialectique *: "... mieux vaut avoir l'usage sans art que l'art sans usage" (p. 139).*

Le passage à la langue vernaculaire fournit l'occasion à La Ramée de faire traduire par les auteurs de la Pléiade quelque soixante-treize textes poétiques qui lui servent d'exemples. La Dialectique *se trouve ainsi émaillée de citations et de vers anciens traduits par Ronsard, du Bellay, Marot, Belleau, Pelletier, de Bruès, Pasquier, des Masures, Leconte d'Alsinois. Traductions qui sont autant de créations poétiques, au service de cette belle* Défense et Illustration de la langue française *sur le registre dialectique.*

Propre à cette édition est aussi le recours répété à Aristote, que La Ramée atténuera, pour une grande part, dans ses écrits postérieurs. Comment interpréter cette référence appuyée et pour le moins surprenante pour qui connaît la violence des attaques raméennes envers Aristote ?

Prudence, sans aucun doute, après l'interdiction de publier et d'enseigner qui l'avait frappé de 1543 à 1547, après les violentes polémiques avec Gouvea, Périon et tout récemment Charpentier...

Démonstration faite aux aristotéliciens, de sa connaissance exacte et profonde de l'œuvre du Stagyrite.

Habile statégie, surtout, qui consiste à relier, en les citant, Aristote et Platon, pour mettre en évidence l'héritage platonicien d'Aristote et minimiser le rôle de pionnier en Dialectique que ce dernier a voulu s'attribuer. La vaste fresque historique brossée dans la Préface n' a pas d'autre sens ! Il s'agit de montrer qu'Aristote a suivi la méthode unique, argument rendu inattaquable par les scolastiques contemporains, et que ce sont les aristotéliciens eux-mêmes -des premiers commentateurs aux interprètes actuels- qui ont dévoyé la position de celui dont ils se réclament !

Contrairement à Walter J. Ong, nous ne pensons pas que les nombreuses références à Aristote marquent une conversion ni même des concessions à la pensée de ce dernier, encore moins un éloignement concomitant du platonisme. En 1555, La Ramée n'est pas moins platonicien qu'en 1543, pas moins anti-aristotélicien non plus. Seul le style des critiques a changé, moins frontal, plus oblique mais beaucoup plus élaboré en même temps qu'ingénieux. Et si la Préface trace deux voies d'accès à la vérité, l'une de principe et universelle, l'autre d'expérience "qui est l'induction singulière", ne nous y trompons pas : notre auteur ne cède pas à un empirisme qu'il a toujours récusé, il s'empresse d'ajouter que la seconde voie est beaucoup plus difficile à emprunter et à n'utiliser qu'en recours ultime et comme pis aller ! La voie expérientielle est rejetée dans l'exercice de la conjunctio *rhétorico-dialectique, pour mieux en préserver le champ conceptuel qui a son fondement dans l'universel.*

Le retrait postérieur des références tant platoniciennes qu'aristotéliciennes ne signifie pas que le péril soit passé -les polémiques perdurent- mais il est peut-être la marque d'une certaine maturité philosophique. Les développements originaux de La Ramée sur la méthode et son unicité le dispensent de s' abriter derrière un maître.

Déjà dans cette Dialectique, *le concept de méthode tend à son plein développement. Jusqu'alors centrale et définie comme un jugement, la méthode devient le degré ultime et supérieur de la disposition logique. Mise en ordre nécessaire des arguments, elle conduit à une conclusion rigoureuse et certaine, et seulement par elle, l'homme peut faire jouer en lui la lumière naturelle de la raison. Elle est "la marque de la divinité de l'esprit humain", écrira La Ramée dans les* Praelectiones *de 1556. Dans cette* Dialectique *de 1555 est affirmée l'unicité de la méthode qui faisait l'objet jusqu'alors des* Aristotelicae Animadversiones *(au livre XIX intitulé* De Methodo *et aux livres IX et X qui donneront lieu l'année suivante à un tirage séparé, avant de devenir le* Quod sit unica doctrinae instituendae methodus, *ouvrage à part entière à partir de 1557).*

Nous faisons suivre le texte de 1555, en appendice, d'une variante importante que La Ramée a faite dans l'édition latine de 1572, et qui sera traduite et reprise dans l'édition posthume de la Dialectique, chez Auvray, en 1576 et 1577. Nous avons démontré dans notre étude Méthode et dialectique dans l'œuvre de La Ramée *(Vrin, 1984) qu'il y avait de fortes présomptions pour que Ramus ait composé lui-même l'édition latine de 1572 dont l'édition de 1576-1577 est une traduction enrichie de textes de 1555. Au premier jugement, l'énonciation, se substitue l'axiome, ce qui est la marque d'une concordance de la dialectique avec les mathématiques dans le vocabulaire et la pensée de La Ramée.*

Il faudrait aussi signaler le renversement dans l'ordre de présentation des causes qu'opéreront les éditions postérieures, à partir de 1565. L'ordre Fin-Forme-Efficience-Matière sera remplacé par l'ordre Efficience-Matière-Forme-Fin. Mais déjà en 1555, à cet ordre de l'invention était adjoint un ordre en "l'exécution et pratique de l'œuvre" plaçant en tête la matière et l'efficience. On peut voir dans cette évolution un acheminement vers une métaphysique de l'efficace, préfigurative de la pensée baconienne et cartésienne.

Notre tentative de "modernisation" du texte de la Dialectique *se justifie par l'entreprise même de La Ramée de traiter de questions d'école dans la langue de tous. D'origine modeste et autodidacte, notre auteur voulait, en pédagogue, rendre accessibles à un plus grand nombre ces sujets. C'est dans la même mouvance qu'il publia de nombreux manuels qu'on qualifierait de "scolaires" de nos jours, tant pour la dialectique, la rhétorique, la grammaire, les mathématiques que la métaphysique. Et qu'il proposa de réformer l'orthographe. Il n'en est pas pour autant indemne d'élitisme... Ce qui l'anime est surtout la volonté de s'attaquer aux forteresses scolastiques.*

La Ramée, alors que l'humanisme latinise tous les noms propres, va jusqu'à franciser les noms anciens et les titres d'œuvres. Et l'on peut lire sous sa plume Brute, Casse, Péricle... Les titres d'œuvres prennent de curieuses consonnances : l'Organe, *le* Gorgie, *le* Hippie Majeur*! Mais l'abondant référentiel de philosophes, poètes, orateurs et historiens suffit à montrer que ce parti pris de modernité témoigne de la plus profonde culture.*

Or, le texte de 1555 n'est plus, à l'heure actuelle, lisible que par quelques spécialistes... Aussi, soucieux, à juste titre, du respect du texte dans sa littéralité originelle, nous convenons néanmoins qu'un traitement d'actualisation s'impose. Nous l'avons administré avec prudence en conservant le plus souvent possible la syntaxe et les mots mêmes de La Ramée. Nos interventions ont opéré à trois niveaux :

— celui de l'orthographe, de la pontuation et de l'accentuation, lesquelles étaient encore fluctuantes et dépendantes pour beaucoup des ouvriers d'imprimerie.

— celui du vocabulaire, où certains termes ont changé depuis de forme, tout en conservant la même racine (l'animant n'est autre que l'animal, être travaillant signifie être travailleur) mais où d'autres mots sont tout à fait inusités de nos jours et appellent une "traduction" : ores, onc, partant -au sens de par conséquent.

— celui de la syntaxe, où l'usage des pronoms relatifs et des conjonctions de subordination n'est pas encore fixé et l'ordre des mots encore peu codifié.

L'essai de modernisation s'avérait plus délicat encore pour les citations et poèmes traduits par les auteurs de la Pléiade. Il ne s'agissait pas de détruire la versification, les rimes ou le nombre de pieds d'un vers, ni de défigurer la musique colorée des mots. Nous avons pris le parti de n'opérer que pour la seule transcription en orthographe actuelle et nous avons parfois ajouté entre < > le mot ou l'expression qui manque à la compréhension ou à la signification. Les chiffres, placés entre parenthèses, indiquent la pagination de l'édition originelle.

Conformément à la typographie de l'édition de 1555, les poèmes composés par les auteurs de la Pléiade figurent en caractères italiques. Les citations de Cicéron, Horace... et les exemples, respectivement dus à la traduction et à l'ingéniosité de La Ramée, sont, quant à eux, composés en caractères romains, avec des guillemets pour les seules citations.

Les éditions des dialectiques de Ramus ont été inventoriées et étudiées dans notre ouvrage Méthode et Dialectique dans l'œuvre de La Ramée, *Paris, Vrin, 1984. Notre article des* Nouvelles de la République des Lettres *(1986, I, pp.71-97) en présente le traitement informatique des données bibliographiques. On peut aussi consulter utilement l'*Inventory *de W. J. Ong, ainsi que l'édition critique de la Dialectique de 1555 établie par M. Dassonville (Genève, Droz, 1964).*

Nelly BRUYÈRE

DIALECTIQVE DE PIERRE DE LA RAMEE,

A

CHARLES DE LORRAINE CARDINAL, ſon Mecene.

A PARIS,
Chez André Wechel, rue S. Iean de Beauuais à l'enſeigne du cheual volant.
1555.
Auec priuilege du Roy.

(I) **PRÉFACE DE PIERRE DE LA RAMÉE**

SUR LA DIALECTIQUE

à Charles de Lorraine, Cardinal,
son Mécène

Les mariniers, MÉCÈNE, sauvés de la tourmente et de la tempête de la mer, offraient autrefois quelque don au dieu par l'aide duquel ils pensaient avoir été conduits au port, car comme le dit Virgile au douzième de *l'Enéide* :

Là, de fortune, était un olivier sauvage
Bois jadis vénérable, où sauvés du naufrage
Les mariniers soulaient < avaient coutume de > leur offrande ficher
Et leurs habits voués au Dieu Faune attacher.
(Ronsard)

C'est pourquoi, après avoir été, par votre aide, délivré des flots du jugement aristotélique, si maintenant je vous présente quelque tableau de mon naufrage, je dois, non pas craindre, je pense, (II) d'être estimé me complaindre des maux passés, mais bien plutôt témoigner de la cause de cette tempête et rendre grâce à celui par qui j'en ai été sauvé et délivré. L'affliction a été grande et difficile à porter, mais la cause semblait encore mériter plus grande peine, d'avoir osé entreprendre contre tous les philosophes qui furent jamais, pour leur ôter le prix de Dialectique qu'ils avaient conquis avec tant d'esprit et de diligence et s'étaient attribué par la prescription et le jugement de tant de siècles. Et à la vérité une telle philosophie méritait bien d'être traitée et illustrée par tant de philosophes, car si les arts spéciaux ont été réglés par le grand labeur de plusieurs hommes : la Grammaire et la Rhétorique pour bien parler et orner la parole, l'Arithmétique et la Géométrie pour bien compter et bien mesurer, par combien de veilles et par combien d'hommes convenait-il de façonner la Dialectique, art général pour inventer et juger de toutes choses ?

Or donc les premiers hommes, qui avaient déjà connu les Mathématiques avant le déluge, se sont occupés de Dialectique. Et parmi ceux-ci, Platon nomme Prométhée docteur de cet art, pour lequel il serait, dit-on, monté au ciel et aurait dérobé secrètement à l'officine de Minerve le feu céleste pour éclairer et illuminer l'esprit de l'homme ! (III) Les Pythagoriciens en ont écrit par pièces, comme aussi Héraclite, Démocrite et Hippocrate. Protagoras en a publié maints livres, comme de la doctrine des arguments, de la contradiction et de la sophistique. Zénon d' Elée a tenu école de Dialectique, si bien qu'Aristote dans le *Sophiste* l'a réputé comme le premier inventeur de celle-ci. Socrate l'a merveilleusement célébrée ; et quoique parlant modestement de soi, il disait qu'il ne savait rien d'autre sinon qu'il ne savait rien, néanmoins il s'attribuait, par exception, la science de Dialectique, par laquelle seule il pouvait savoir son ignorance. Et certes, il n'a pas dissimulé combien il excellait par celle-ci parmi les hommes.

Les disciples de Socrate, Anaxarque, Aristippe, Euclide, Antisthène, Platon ont soigneusement traité cet art. Anaxarque et tous ses sectateurs Pyrrhoniens et nouveaux Académiciens l'ont exercé, mais imprudemment, en renversant la certitude et science de toutes choses et en laissant à l'homme une seule apparence et similitude de vérité pour tout guide et conduite de jugement. Aristippe en a écrit quelques livres. Combien Epicure, son sectateur, a-t-il, par la parole anéanti et méprisé la Dialectique ! néanmoins sous le nom de Canonique il en a fait la troisième partie de sa philosophie, et les Epicuriens après lui l'ont ensei-(IV) gnée plus amplement.

L'école d'Euclide de Mégare a principalement embrassé cette philosophie, et s'y est tellement employée que les Euclidiens, pour le renom et l'honneur de cette étude, furent surnommés Dialecticiens, Antisthène, et issue de lui la secte Cynique et conséquemment la Stoïcienne, ont merveilleusement ici travaillé et en ont laissé grand nombre de livres.

Platon, l'Homère des philosophes, s'il n'a pas déjà écrit expressément la Dialectique, en écrivant les dialogues de Socrate, en a toutefois marqué les parties si parfaitement en maints endroits qu'il a bien donné à entendre qu'il était facilement le prince de cette louange. Les Académiciens et Péripatéticiens sont issus de Platon. Entre les Académiciens, Speusippe a écrit le premier plusieurs livres de Dialectique. Xénocrate, le deuxième, en a fait un merveilleux nombre. Polémon, Crate, Crantor l'ont plus exercée que décrite, comme aussi Archésilas, Dion, Lacyde, Carnéade, Clitomaque, Philon, maître de Cicéron.

La secte péripatéticienne a mis grande étude en cette discipline, et principalement Aristote, son premier auteur, a composé pour le moins cent-trente livres de Dialectique, parmi lesquels il a compté la Dialectique des Anciens. Et par liberté propre à tous les grands philosophes, il a (V) disputé fort et ferme contre leurs opinions, voire, qui plus est, par magnificence tout à fait hardie et admirable, il se dépite presque que d'autres auteurs et docteurs de si noble Philosophie l'aient précédé et, animé par ce dépit, il appelle les Anciens tantôt agrestes et ignorants en Dialectique, comme au premier de la *Philosophie* ; parfois il dit hautement et se vante d'en être le premier auteur, et qu'avant lui, il n'en avait été enseigné par les Anciens, non pas ceci ou cela, mais rien du tout, comme en la péroraison de son *Organon*. Et il a disputé de l'art, non seulement avec grand labeur et grand courage, mais avec notoriété, il l'a exercé avec la Rhétorique, tout ensemble et par cet exercice il s'est acquis le fleuve d'or célébré par Cicéron. Et il a façonné plusieurs disciples excellents en l'une et l'autre disciplines, parmi lesquels Théophraste, le principal, a surmonté le maître en multitude de livres et l'a repris aussi franchement qu'Aristote avait repris les anciens. Straton, Lycon, Phalérée n'ont pas été en cette école pareils à leurs ancêtres.

Pendant quatre cents ans ou environ, la Dialectique a été en chaquc secte l'objet propre de quelque partie : les Epicuriens avaient leur Canonique, l'Académie ancienne suivait la tradition de Speusippe et de Xénocrate, chacun des Péripatéticiens s'en faisait à son plaisir (VI) car les livres d'Aristote et de Théophraste ne furent publiés que plus de deux cents ans après leur décès et depuis leur publication, Aristote a été mêlé dans la foule et négligé avec les autres presque aussi longtemps.

Galien, deux cents ans après cette publication, s'est glorifié d'avoir connu la Dialectique de toutes sectes et d'avoir écrit sur toutes les parties de la Dialectique plus de deux cents livres, non point en s'asservissant à une certaine secte mais - ce qui est la vertu du philosophe - en exposant librement de chacune d'elles ce qu'il lui en semblait.

Galien a été le dernier en cette école philosophique de Dialectique et en a fermé la porte qui ne fut jamais ouverte depuis, car Adraste, Aspase, Aphrodisée et presque tous les autres Péripatéticiens ont délaissé le vrai amour de la sagesse et se sont adonnés servilement à l'amour d'un Aristote, non pas en examinant et en exerçant ses préceptes, comme lui-même avait examiné et exercé les préceptes des anciens philosophes, mais en les défendant religieusement, et les interprétant ainsi comme quelqu' un pourrait interpréter les opinions d'autrui dont il n'aurait jamais expérimenté ni la vérité ni l'utilité. Et, étant maîtres des écoles publiques et méprisant les livres de tous les autres philosophes, ils l'ont mis en possession d'une si grande autorité que finalement quelquefois, par la (VII) bonté et la religion de tels professeurs, Aristote s'est trouvé le seul héritier de tous les anciens philosophes, mais a même été réputé — ce qu'il désirait ardemment — pour le seul inventeur et perfecteur de cette doctrine.

Or jusqu'ici nous avons parlé des auteurs de Dialectique , desquels il sera plus amplement parlé au premier des *Animadversions*. Disons maintenant quelle voie nous reste pour espérer le prix auquel tant de philosophes par de si grands travaux ne seraient pas parvenus. Certes, la voie même nous est proposée, par laquelle ils devaient tous cheminer et marcher, partie de principes, qui est la raison universelle, partie d'expérience qui est l'induction singulière. Nous avons encore parmi les Anciens, Platon, et des livres des autres pour le moins restent les titres en Laërce. Et parmi les livres d'Aristote, c'est-à-dire parmi les livres des Anciens amassés par Aristote, se trouvent trente-cinq livres parlant des arguments et de la disposition et du jugement de ceux-ci, ce qui est la vraie Dialectique : dix-sept livres en l'*Organe de Logique*, sans Porphyre, quatre en *Rhétorique*, quatorze en la *Philosophie*, et plusieurs passages çà et là répandus, dont les livres et les passages sont, outre les autres anciennes instructions, davantage les principes de la matière et forme d'un art, tels que nous le dirons au deuxième livre.

Et par conséquent, (VIII) ayant devant les yeux non point l'opinion ou l'autorité d'aucun philosophe mais seulement ces principes, j'ai pris la peine premièrement de faire un choix parmi ces livres, voire beaucoup plus de rechercher par moi-même tels préceptes et règles que la matière de l'art requiert. Et puis, après avoir fait cette recherche et ce choix, j'ai tâché de disposer toute cette matière de la manière et de la façon qui nous est montrée par la méthode artificielle.

Cette voie est universelle et le fondement souverain de tout ce jugement. La deuxième voie est beaucoup plus difficile, car expérimenter par usage, observer par lecture des poètes, orateurs, philosophes et bref, tous excellents hommes, et non seulement approuver par leurs témoignages et exemples ce qui est convenable mais réfuter le contraire contre l'opinion si longtemps publiquement reçue, outre ce que je confesse être chose laborieuse, hélas ! mon MÉCÈNE, c'est mettre les vents orageux sur la mer, c'est courroucer les petits-fils de ces philosophes et les irriter à demander vengeance de leurs grands-pères. Ainsi en cette commotion ai-je été persécuté de manière fort étrange par des personnages non seulement grands par l'autorité et la dignité, mais aussi excellents par le savoir et la doctrine. Et principalement ai-je été par eux blâmé d'inconstance et, comme il semble, à (IX) bonne et juste cause, car certes, combien d'années battons-nous cette même et même enclume ? Car combien de fois conseillé par l'usage, corrigeons-nous non seulement les écrits des autres mais aussi plusieurs passages des nôtres ? Combien de fois, à cette parfaite espèce de principes, requérons-nous exemple d'œuvre plus absolue ? Et voici soudainement quand je retourne des écoles Grecque et Latine et désire, à l'exemple et à l'imitation des bons écoliers, rendre mon devoir à la patrie, en laquelle j'ai été engendré et élevé, et lui déclarer en sa langue et intelligence vulgaire, le fruit de mon étude, j'aperçois plusieurs choses répugnant à ces principes, que je n'avais pu apercevoir en l'école par tant de disputes. Et pour cela, je coupe et ôte une grande partie de ce que j'avais amassé auparavant. Finalement, je ne cesse par moi-même de corriger le tout et d'amender non seulement jusqu' au neuvième an, comme Horace l'enseigne justement, mais presque jusqu'au vingtième. Et si je ne cesse, en proposant publiquement mes portraits et mes dessins (comme Apelle le recommande encore plus justement) d'apprendre, voire de surprendre le jugement des doctes et des non-doctes, des amis et des ennemis, en considérant et observant soigneusement ce qu'ils y louaient ou reprenaient. Et quoique, (X) par aventure, je satisfasse par le soin et l'assiduité tous les autres, néanmoins me voyant en plusieurs lieux égaré grandement de mon but, je m'accuse moi-même de lâcheté et paresse comme ayant consommé un si long temps lâchement et paresseusement. Ainsi donc animé par cette honte, je m'emploie de plus en plus, et emploie voiles et vents par tout moyen de labeur et de diligence, désirant la perfection de l'œuvre, que pour achever nous voyons tant de manœuvres, voire tant d'excellents architectes et maîtres d'œuvre avoir été occupés. Ce qu'appellent en moi ces grands personnages, légèreté et inconstance merveilleuse. Mais certes cette inconstance est louée pour grande constance et célébrée non seulement par Horace et Apelle, mais par les philosophes, et singulièrement par Aristote qui nous enseigne que le philosophe doit, pour la vérité, reprendre non seulement tous les autres mais aussi soi-même. Voire qui plus est, cette constance accusée d'inconstance est ordonnée de Dieu et de Nature comme une montée difficile et glissante par les marches de laquelle nous est dressé et limité un seul chemin à la connaissance de science et de doctrine. Et par conséquent, non seulement je me console contre telle répréhension, mais j'espère par cette philosophique persévérance remporter une nouvelle victoire, (XI) sans répondre à aucune injure, mais en endurant toutes les choses adverses. Ayant donc été destitué au jugement Aristotélique par tous vents et tempêtes ça et là, qu'il nous soit néanmoins permis d'oublier ce temps, qu'il nous soit permis, même si en cela nous nous trompons, de penser être tombés en cette question comme en quelque débat pour nous éveiller et nous exercer. Et déjà nous considérons plutôt votre singulière clémence par laquelle nous avons été remis en notre première liberté, mais surtout votre souveraine libéralité par laquelle nous avons obtenu dignité de profession royale très souhaitée et très désirée en la vie laborieuse à laquelle je me suis adonné. Et, afin que la joie et congratulation de votre bienfait soit entièrement du profond du coeur exprimée, empruntons d'Horace non seulement le vers harpé mais aussi la harpe.

Mécène descendu de l'estoc ancien
Des rois, ô le confort et le doux honneur mien !
(Ronsard)

Persistez à jouir de cette vertu : exciter les affligés, consoler les misérables, délivrer de péril les oppressés, donner aux suppliants la main non seulement glorieuse et puissante, mais humaine et salutaire. Etre prince débonnaire, faire du bien à ses sujets, être aimé, révéré, c'est chose vraiment glorieuse ; mais ceux qui aiment mieux être (XII) redoutés que caressés, ceux-là ignorent tout à fait le vrai chemin de la gloire. Vos louanges sont excellentes en toutes parts, splendeur de votre très noble race issue premièrement du grand Empereur Charlemagne, puis en soi reluisante des couronnes d'Austrasie, Aragon, Sicile et Jérusalem, dons de nature et d'esprit tout à fait admirables, maintes disciplines divines et humaines acquises par grandes études, tellement que vous êtes, pour si grande excellence, à bon droit le premier Pair de France et obtenez au gouvernement de ce grand royaume, une place au Roi prochain, tant dans les affaires de la police humaine qu'en l'état de la religion pour la conservation de laquelle vous avez évoqué l'exemple du vrai pasteur, depuis déjà longtemps aboli en qualité et disposition de telle personne, en visitant et reconnaissant votre troupeau, en le repaissant de la pâture évangélique, en lui expliquant, avec la grande joie et l'admiration de ceux qui vous écoutent, la sainte loi de Dieu. Néanmoins ces louanges de noblesse, nature, doctrine, prééminence d' honneur, éloquence en prêchant et priant, quoiqu'elles soient grandes et admirables en vous, elles sont humaines, et elles sont bornées du bruit et de la renommée des hommes, et sont des ornements plutôt que des arguments de parfaite vertu. Mais par les degrés de clémence, libéralité, (XIII) charité, véritablement l'homme me semble monter au ciel. Aussi, MÉCÈNE, prierai-je Dieu tout-puissant, auteur et distributeur de tous biens qu'il vous augmente de jour en jour cette céleste et divine vertu. Et je vous présenterai, en ce tableau, la Dialectique, telle que j'ai pu jusqu'ici tant bien que mal l'aligner et l'ébaucher, et conclurai par les vers de ce même poète le voeu de ma délivrance.

Cette muraille sainte
Par une table peinte
Dénote qu'en ce lieu
J'ai consacré mouillée
Ma robe dépouillée
De la mer au grand Dieu
(Ronsard)

PREMIER LIVRE

DE LA DIALECTIQUE DE PIERRE DE LA RAMÉE

à Charles de Lorraine
son Mécène

La Dialectique est l'art de bien disputer. Et en même sens elle est nommée Logique, car ces deux noms sont dérivés de *logos*, c'est-à-dire raison. Et *dialegestai*, comme aussi *logizestai* n'est autre chose que disputer ou raisonner ; voire, comme Platon nous l'enseigne au premier *Alcibiade*, qu'user de raison de laquelle le vrai et naturel usage doit être dressé et montré en cet art. Car comme lui-même le dit au septième de la *République*, la vérité des choses comprises dans les arts est ainsi naturellement proposée à l'esprit comme est la couleur à la vue, et ce que nous appelons enseigner n'est pas donner la sagesse mais seulement tourner et diriger l'esprit à contempler ce (2) que de soi-même il eût pu apercevoir s'il se fût là tourné et dirigé. Et, à ce propos, Aristote dit au premier des *Elenches* que tous les hommes, même les idiots, usent en quelque façon de la Dialectique et pratiquent sans instruction aucune ce que la Dialectique enseigne par ses règles et préceptes. Comme donc nous apprenons en nos jeunes ans la Grammaire pour bien parler, parce que par elle nous connaissons la pureté de la diction et la composition de l'oraison, et par là semblablement le contraire barbarisme et solécisme, ainsi devons-nous apprendre la Dialectique pour bien disputer à cause qu'elle nous déclare la vérité, et par conséquent la fausseté de toute raison, soit nécessaire, dont est la science, soit contingente, c'est-à-dire qui peut être et ne pas être, dont est l'opinion.

Toutefois de ces deux espèces, il y a eu grand débat entre les philosophes anciens, les uns suivant la seule science, les autres la seule opinion, Héraclite disait que l'opinion était le mal caduque d'autant qu'elle faisait choir souvent l'homme en erreur et faux jugement, ainsi les Stoïciens disaient que l'homme sage ne jugeait jamais par opinion, au contraire Anaxarque maintenait que l'homme ne jugeait rien par science mais seulement par opinion, ce qu'ont suivi les Pyrrhoniens et les Nouveaux Académiciens et il semble (3) que Platon et Aristote se penchent quelquefois sur cette partition, Platon au *Timée* attribuant le vrai aux dieux et aux enfants des dieux, le vraisemblable aux hommes, Aristote au deuxième de la *Philosophie*, disant que tout ainsi que les yeux des chauve-souris s'éblouissent en la clarté du jour, semblablement la pointe de notre entendement s'émousse et s'affaiblit aux choses de leur nature très claires et très manifestes ; néanmoins et Platon et Aristote ont ouvertement déclaré que l'homme était capable de science comme dans les choses comprises par les disciplines, et d'opinion comme dans les affaires infinies qui surviennent d'heure en heure. Ce à quoi il y a déjà longtemps Parménide, poète et Dialecticien nous avait exhorté par ces vers,

Il te faut tout connaître,
Premièrement la science certaine
De vérité facile à suader ;
Et puis aussi l'opinion humaine
Où ne se peut la foi trop bien fonder.
(Belleau)

Mais à cause de ces deux espèces, Aristote a voulu faire deux Logiques, l'une pour la science, l'autre pour l'opinion, en quoi (sauf l'honneur d'un si grand maître) il a très grandement erré. Car bien que les choses connues soient les unes nécessaires et scientifiques, les autres contingentes et objet d'opinion, toutefois il est vrai qu' ainsi (4) que la vue est commune à voir toutes les couleurs, soit immuables, soient muables, ainsi l'art de connaître, c'est-à-dire Dialectique ou Logique, est une seule et même doctrine pour apercevoir toutes choses, comme on le verra par les parties, et comme les *Animadversions Aristotéliques* le déclarent plus amplement.

Par conséquent, nous dirons que la Dialectique est l'art de bien disputer et raisonner de quelque chose que ce soit, tout ainsi que la grammaire est l'art de bien parler de tout ce qui se pourrait offrir et proposer.

LES PARTIES DE LA DIALECTIQUE

Les parties de la Dialectique sont deux : Invention et Jugement. La première déclare les parties séparées dont toute sentence est composée. La deuxième montre les manières séparées et espèces de les disposer, tout ainsi que la première partie de la Grammaire enseigne les parties de l'oraison et la Syntaxe en décrit la construction. Et ces parties ne sont ainsi nommées, bien que la première soit aussi quelque jugement, que parce qu' elle donne connaissance des parties séparées, et que la deuxième soit aussi quelque invention, car par elle nous trouvons les manières de disposer les choses inventées, et généralement (comme dit Platon au *Minos*) toute doctrine est invention de vérité, mais, comme j'estime, ces parties sont nommées Invention et Jugement de leur plus (5) grande force et vertu, pour ce qu'il y a en l'une plus d'invention, en l'autre plus de jugement.

Le jugement est aussi nommé disposition. Ainsi Platon au *Phèdre* attribue à la Dialectique, Invention et Disposition. Ainsi Aristote au premier du *Syllogisme* et huitième des *Topiques* a compris cette partition et a vraiment dit au troisième de la *Rhétorique* que la seule Invention et Disposition est nécessaire pour enseigner. Ainsi, après ces philosophes, Cicéron et Quintilien ont suivi cette même partition.

Or donc l'Invention traite les parties séparées de toute sentence, qui sont nommées premièrement par les Euclidiens, puis par les autres philosophes (comme nous voyons en Laërce et en Aristote) tantôt Catégorèmes, et la doctrine de ceux-ci Catégories, tantôt les préceptes de ceux-ci *topi*, c'est-à-dire lieux et notes, et la doctrine des lieux Topique, comme qui dirait locale, puisque que de tels préceptes sont comme les sièges et lieux où se situent tous les Catégorèmes, quelquefois et plus clairement ils sont appelés principes, éléments, termes, moyens, raisons, preuves, arguments. Nous userons des vocables de raison, preuve, argument, comme étant les plus reçus et usités en cet art.

L'argument donc est artificiel ou inartificiel, comme Aristote le distribue au deuxième de la *Rhétorique*. Artifi (6) ciel, qui fait foi de soi et de sa nature, est premier ou issu du premier. Le premier est simple et non issu d'ailleurs, et a quatre espèces : Causes et Effets, Sujets et Adjoints, Opposés, Comparés.

La cause est ce dont sort quelque effet, comme la fin, la forme, l'efficience, la matière.

FIN

La fin est la cause pour laquelle quelque chose est faite, comme elle est définie par Platon au *Timée* et ailleurs, et après lui par Aristote en plusieurs lieux, par lequel aussi elle est appelée au deuxième de la *Physique*, principe de considération, parce qu'en sage conseil et délibération la fin doit être considérée avant toutes les autres choses.

Junon, au premier de l'*Enéide*, emploie la fin du mariage quand elle promet Déiopé à Eole :

J'ai chez moi deux fois sept nymphes de beau corsage,
Desquelles Déiopé plus élégante en face
Propre je te donnerai en constant mariage,
Au lieu de tels bienfaits, afin qu'elle parfasse
Ainsi avec toi le reste de ses ans.
Te faisant quelque jour père de beaux enfants.
(Pasquier)

Ainsi Cicéron, en la *Défense de Ligaire*, presse fort Tubéron accusateur, quand il poursuit le conseil et la fin des armes prises contre César.

« Et certainement, dit-il, il a marché en armes contre César. Que faisait-il donc, ô Tubéron, ce (7) tien glaive dégainé en la bataille Pharsalique ? sur le flanc duquel était dressée cette pointe ? quelle était l'intention de tes armes ? quelle ta pensée ? tes yeux ? tes mains ? l'ardeur de ton courage ? que convoitais-tu ? que désirais-tu ? »

Cicéron usa de cet argument en si grande véhémence, que César juge et partie en cette cause, comme ravi et mis hors du sens non seulement changea de couleur, mais aussi laissa tomber quelque libelle, qu'il tenait en ses mains, comme le relate Plutarque en *La vie de Cicéron*.

FORME

La forme est la cause par laquelle la chose est ce qu'elle est et est différente de toutes les autres choses. Selon cette définition, Aristote au premier des *Topiques* lui attribue deux propriétés, l'une pour l'essence et l'autre pour la différence. Et par la première propriété il l'appelle soit ce qui est de l'être, comme au premier de la *Démonstration*, soit raison de l'essence, comme au premier de la *Génération des animaux*, soit essence de la chose, comme au premier de la *Philosophie*, soit raison essentielle, comme au quatrième de la *Philosophie*. Par la deuxième propriété, il l'appelle presque partout différence, parce ce que principalement toute chose est différente par la forme. Ainsi la forme de l'homme est l'âme raisonnable car celle-ci est cause que l'homme est homme (8) et qu'il soit différent de toutes les autres choses. Ainsi toutes les choses naturelles ont leur forme, comme le Lion, le Cheval, l'Arbre, le Ciel, la Terre. Ainsi les choses artificielles, comme une maison, un navire. Ainsi semblablement les choses incorporelles, comme la couleur, la chaleur, la vertu et le vice, ont leur forme. Ainsi généralement toute chose est ce qu'elle est par sa forme et par celle-ci est séparée des autres.

Aristote enseigne au deuxième de la *Démonstration* que la seule forme entre les causes est homogone à son effet, c'est-à-dire née tout ensemble et par conséquent, que si la forme est, la chose sera formée aussi, et inversement . Or la connaissance des formes en chaque chose est fort difficile et cachée à l'homme, et si elles sont vues, elles sont bien souvent sans nom, comme tu vois à l'oeil une main, une épée, un anneau par sa forme, et néanmoins tu ne pourrais dire ni exprimer chacune de ces formes par son nom et à peine certes par longue circonvolution de langage. Aussi les Anciens (si Aristote au deuxième de la *Philosophie* nous interprète fidèlement leurs sentences) y ont été fort occupés : Pythagore disait que le nombre était la forme des choses et que les choses étaient images et ressemblances du nombre ; Platon le suivant en cela, mais changeant seulement les mots, disait que l'Idée était la forme et que les (9) choses formées étaient communication de l'Idée. Par cette même difficulté par aventure Démocrite disait (comme Laërce l'écrit) que rien n'était connu par sa cause, mais que la vérité était noyée et plongée au plus profond.

CAUSE EFFICIENTE

La cause efficiente est la cause par laquelle la chose est faite. Platon, au *Philèbe* et à l'*Hippie majeur*, dit que tout ce qui est fait est fait par quelque cause. Aristote l'appelle tantôt principe du mouvement et du repos, comme au premier de la *Philosophie* et deuxième de la *Physique*, tantôt cause efficiente, comme au deuxième de la *Démonstration* et aux *Topiques*.

EFFICIENTE PROCRÉANTE

La cause efficiente a trois divisions. Par la première, elle est procréante ou conservante. La procréante est celle qui premièrement fait la chose. Ainsi les pères et mères sont causes procréantes de leurs enfants. Par un tel argument, la dureté d'Enée est exposée au quatrième de l'*Enéide*.

Tu n'es point né d'une déesse mère,
Quiconque sois, et Dardan le grand-père
Oncques ne fut de ton lignage auteur,
O déloyal et parjure menteur !
Mais bien Caucase en quelque roche dure
A qui tu es semblable de nature, (10)
T'a engendré, et crois que ta jeunesse
Suça le lait d'une hyrcane tigresse.
(du Bellay)

Ainsi les ouvriers sont causes efficientes de leurs ouvrages. Ménalque en la troisième *Eglogue* de Virgile, loue ainsi ses vases par leur ouvrier :

Je mettrai deux hanaps qu'Alcimède au burin
A gravés au fouteau un ouvrage divin.
(Ronsard)

A l'encontre de lui Dalmète semblablement :

Ce même Alcimédon d'un ouvrage divin
Deux hanaps au fouteau m'a gravé au burin.
(Ronsard)

EFFICIENTE CONSERVANTE

L'efficiente conservante est celle qui maintient la chose en son état. En cette sorte les lois sont causes des Républiques, comme Cicéron l'a pratiqué en la *Défense de Cluence*.

« Car, dit-il, voilà le lien de cette dignité de laquelle nous jouissons en cette République, voilà le fondement de la liberté, voilà la fontaine d'équité : l'âme et l'esprit et le conseil et la sentence de la Cité est mise dans les lois. Tout ainsi que nos corps sans âmes, ainsi la Cité sans loi ne peut user de ses parties, comme des nerfs et sang et membres. Les magistrats sont ministres des lois, les juges sont interprètes des lois. Finalement, nous sommes tous serfs des lois, afin que nous puissions vivre en liberté. »

Ovide, au deuxième du *Remède d'Amour*, comprend ces deux causes (11) quand il dit que l'oisiveté est cause d'amour.

Cela te fait animer
A aimer,
Et cela garde ta flamme :
C'est l'appât, c'est le doux mal
Principal
Du feu qui brûle ton âme.
Si d'amour l'oisiveté
As ôté,

Toutes ses flèches périssent,
Ses arcs viennent à mépris,
Et sans pris
Toutes ses torches languissent.
(Ronsard)

Cette division est en quelque façon marquée par Aristote au cinquième de la *Philosophie* où il fait des principes, l'un premier efficient, comme père, mère, sont principes de leurs enfants, l'autre par le conseil duquel les choses sont muées ou changées, comme les magistrats sont causes et principes des cités.

EFFICIENCE SEULE OU EN COMPAGNIE

En deuxième division, la cause efficiente est seule ou en compagnie. La seule est celle qui rend par soi son effet, comme le feu rend chaleur ; l'efficiente en compagnie est principale ou ministre et aide, comme en la galère, le patron est prince de la navigation, les matelots et rameurs (12) sont ministres et aides. Ainsi Platon l'appelle au *Politique*, comme si l'on disait, concause ; comme aussi l'appelle Aristote au cinquième de la *Philosophie* et, au deuxième de la *Physique* nommément il a fait cette division des causes, principales et aides.

Toutes ces manières d'efficience, et seule ou principale et aide, sont traitées par Cicéron *Pour Marc Marcel*, quand il communique les louanges militaires de César avec plusieurs, parce ce que de plusieurs il a été aidé, et attribue à lui seul toute la gloire de clémence à raison qu'il en est le seul auteur.

« Car, dit-il, plusieurs souvent par leur dire méprisent les louanges de la guerre et les soustraient aux conducteurs de l'armée, et les font communes à plusieurs, de sorte qu'elles ne soient propres aux capitaines ; et, pour dire la vérité, la vertu des soldats, l'opportunité des lieux, le secours des alliés, les navires et galères, les munitions et vivres aident grandement ; et d'autre part, Fortune, comme de son droit en revendique et s' attribue la plus grande part, et presque prend pour son propre tous heureux faits et gestes. Mais en cette gloire, César, que tu as naguère acquise, tu n'as aucun compagnon ; tout ceci, quoi qu'il soit grand (comme certainement il est très-grand), tout ceci, dis-je, est tien, rien n'entreprend sur cette louange le centenier, rien le capitaine, rien (13) l'infanterie, rien la cavalerie. Mais, qui plus est, cette puissante dame des choses humaines, Fortune, ne s'ingère en la société et communion de cette gloire : elle te cède et t'accorde qu'elle est du tout tienne et à toi propre. »

EFFICIENTE PAR SOI OU PAR ACCIDENT

En troisième division, la cause efficiente fait par soi ou par accident, ce qui est noté par Aristote au deuxième de la *Démonstration* et deuxième de la *Physique*. Platon, au dixième des *Lois*, comprend cette division sous les noms de nature, fortune et art.

L'efficiente par soi, qui fait par son propre mouvement, ou par conseil ou par nature.

Efficiente par conseil

La confession de Cicéron *Pour Ligaire* est un exemple de la cause efficiente par conseil.

« Après la guerre entreprise, César, voire déjà grandement démenée, je suis venu de nulle force contraint, par mon jugement et volonté, aux armes qui étaient prises contre toi. »

Ici est compris tout ce qui est fait par art, car il est fait par conseil.

Efficiente par nature

Mais l'efficace des vents au premier de l'*Enéide* et naturelle.

Tout aplat sur la mer les vents couchés se sont,
Toute la renversant du haut jusqu'au profond, (14)
L'Est, ensemble le Sud, l'Ouest impétueux,
Et font rouler au bord les grands flots écumeux.
(Ronsard)

Par cette espèce d'efficiente, toutes les choses naturelles sont engendrées, corrompues, augmentées, diminuées, altérées, remuées de place, et non sans raison, elle est comptée par Platon et répétée par Aristote entre les manières de la cause efficiente.

EFFICIENTE PAR ACCIDENT

Premièrement par nécessité

La nécessité est la cause par accident contrainte et forcée à son effet, laquelle Aristote appelle au deuxième de la *Démonstration,* nécessité violente, et confirme ce dire par l'autorité des poètes au cinquième de la *Philosophie*, car, comme disait Euneos, "Toute nécessité est chose violente" et "Violence aussi est quelque nécessité", comme dit Sophocle : "Mais violence me nécessite de faire ces choses".

La nécessité est ainsi prise en la *Défense de Ligaire* pour excuser ceux qui avaient suivi Pompée.

« Mais si nous demandons le propre et vrai nom de notre mal, certes, je ne sais quel fatal orage me semble être tombé et avoir occupé à l'improviste les pensées des hommes, tellement que personne ne se doit ébahir si les conseils humains ont été surmontés par la divine nécessité. »

Efficiente par fortune

La fortune est la cause par accident procédant (15) sans contrainte à son effet. Ainsi l'entend Platon généralement. Aristote toutefois, au deuxième de la *Physique*, distingue la chose fortuite de la chose casuelle, comme si le fortuit était proprement des efficientes qui ont conseil, mais qui n'en usent point, ce que nous appelons imprudence, et le casuel fut en tout. Tu es venu au palais afin de parler à ton ami, tu ne l'as point trouvé.Tu es donc venu en vain. Mais en venant en ce lieu-là tu as trouvé ce trésor, mais par cause fortuite.

Ainsi Ovide, au premier des *Tristes*, excuse son imprudence.

Et pourquoi chétif misérable
Ai-je fait ma vue coupable ?
Hélas pourquoi sans y penser

Ai-je pu César offenser ?
Ainsi Actéon a connu
Sans y penser Diane nue.
Toutefois il ne laissa pas
De ses chiens être le repas.
Vraiment fortune est punissable
Vers les hauts Dieux, ni pardonnable
N'est aucun cas, si leur puissance
Outragée est par quelque offense.

(Ronsard)

Ainsi par cas fortuit dit Cicéron au troisième de la *Nature des dieux*,

« A Phérée Jason profita son ennemi, qui de son épée fait ouver (16) ture de l'apostume que les médecins ne pouvaient guérir. »

La requête de grâce et pardon est prise de ce lieu, comme *Pour Ligaire* :

« Pardonne, père, il a failli, il est tombé, il n'y pensait point, si jamais par si après ! »

Et poursuivant aussitôt :

« J'ai erré, j'ai fait follement, je m'en repens, je me retire à ta clémence, je te demande grâce de mon méfait, je te supplie de me pardonner. »

Aristote appellerait ces exemples, fortune. Le trépied fait par chute casuelle un siège, car il n'était pas à cette fin tombé, et est chose sans conseil. Epicure disait que le monde est fait par téméraire concurrence des atomes, c'est-à-dire corpuscules indivisibles. Cicéron, au deuxième de la *Nature des Dieux*, à bonne cause, se moque de ce philosophe.

« Celui, dit-il, qui estime telle chose être possible, je n'entends point pourquoi celui-là même n'estime pas que de si innombrables formes de vingt et une lettres, ou d'or ou de quelque sorte que ce soit, soient jetées quelque part , que par ces lettres épandues en terre, les *Annales* d'Enne ne pussent être imprimées, tellement qu'on peut les lire par ordre. Or je ne sais si en un vers tant seulement fortune pourrait avoir tant de puissance. »

Aristote appellerait de tels exemples, *cas*, non pas *fortune*. Néanmoins cette différence n'est pas gardée, comme tu le vois en ces exemples. Et généralement pour tous deux *fortune* est entendue, (17) qui est, comme dit Aristote en ce lieu même, imprévue, incertaine, douteuse, ambiguë à l'humain conseil, et néanmoins comme quelque chose divine et bien heureuse. Et certes, l'ignorance des causes nous a feint la téméraire efficace de la fortune. Et Juvénal ne dit pas sans cause en la dixième *Satyre* :

Nulle divinité de celui ne s'éloigne,
Qui avec prudence entreprend sa besogne :
Mais nous, pauvres humains, par faute de sagesse
Logeons Fortune au ciel et la faisons déesse.

(Ronsard)

Les espèces de la cause efficiente sont de grande considération en la vie humaine, et contiennent en soi la raison de tout bienfait ou méfait, de tout mérite, supplice, pardon. Et Aristote dit, au troisième de la *Philosophie*, que les anciens avaient traité la cause efficiente amplement, mais en partie fabuleusement, comme Hésiode et Parménide qui disaient que l'amour faisait tout, en partie obscurément, comme Hermotime et Anaxagore qui affirmaient que le divin esprit était auteur de tout, Empédocle attribuait cette efficace à la concorde et à la discorde, comme Démocrite à la figure, à l'ordre et à l'assiette. Et pour cela, Aristote en se moquant d'eux, les compare tous aux soldats nouveaux qui, poussés ça et là, souvent assènent de beaux coups, mais sans art ni expérience.

(18) **MATIÈRE**

La matière est la cause de laquelle la chose est faite. Ainsi au deuxième de la *Métamorphose* d'Ovide, la maison du Soleil est composée d'or, d'escarboucle, d'ivoire, d'argent.

Le grand Palais où Phébus habitait,
Haut élevé sur colonnes était,
Tout luisant d'or et d'escarboucles fines
Qui du clair feu en splendeur sont affines.
De blanc ivoire était la couverture,
Le grand portail fut à double ouverture
De fin argent épandant mille rais.
(Marot)

Et comme nous l'avons dit de la forme, ainsi disons-nous de la matière et bref, de toutes les parties de la Dialectique, que sa considération est générale à toutes choses corporelles et non corporelles : comme en ton esprit et en ta mémoire tu peux comprendre toutes les doctrines, dans lesquelles la matière consiste dans les préceptes, la forme dans l'ordre et la disposition de ceux-ci et néanmoins en ton esprit rien n'est corporel. Ainsi Aristote au premier de la *Philosophie* enseigne que la matière est corporelle ou non corporelle, puis au septième et huitième, qu'elle est sensible ou intelligible, et au quatrième et onzième, il appelle les causes premières différences, espèces et affections de toutes choses. Cette cause a été la première considérée des philosophes, mais (si nous en croyons (19) Aristote au premier de la *Philosophie*) fort lourdement, car Thalès, dit-il, faisait de l'eau la matière des choses, comme les Théologiens l'Océan, Thétys, Styx ; Anaximène l'air ; Héraclite le feu ; Hésiode la confusion du monde ; Pythagore le nombre, car il en usait pareillement comme de la matière ; Platon, le grand et le petit ; Mélisse et Xénophane, l'un ; en quoi se moque Aristote de tous ces philosophes comme s'ils eussent ainsi parlé de la matière logicienne qui dût être générale et commune à toutes choses, et non point de la matière des choses naturelles, et qu'il appelle agrestes, et bref, il affirme (comme nous l'avons dit ci-dessus) qu'ils ne savaient rien du tout en Dialectique et que la philosophie était alors fort jeune et semblable aux petits enfants bégayant au berceau.

Mais nous avons assez parlé des causes selon l'ordre de l'Invention car, bien que la fin précède en délibération et soit la première inventée, puis que la forme et l'efficiente suivent, néanmoins en l'exécution et pratique de l'œuvre la matière est la première, puis l'efficience et la forme s'ensuivent, mais la fin est la dernière, comme Aristote l'enseigne au premier livre des *Parties des Animaux*.

Voilà donc la première fontaine de l'Invention Logicienne : fontaine (dit Aristote au premier de la *Démonstration* et au premier de la *Philosophie*) de toutes sciences (20) car lors nous savons parfaitement quand nous savons les causes ; fontaine, par ce philosophe exposée en tant non seulement de passages et de chapitres, mais de livres entiers, que nous pouvons douter qu'il n'ait grandement estimé la doctrine de cette partie, pour laquelle il a tant travaillé. Et ce qui est dit par le poète des causes naturelles au deuxième des *Géorgiques* se peut à juste raison dire de ce lieu :

Heureux qui des effets a pu savoir les causes

(de Bruès)

EFFET

L'effet est tout ce qui est issu des causes. Au sujet duquel Hippocrate nous invite, et après lui Platon au *Phèdre*, à considérer en chaque chose ce qu'elle fait. Ce qu'Aristote a répété aux *Analytiques* et aux *Topiques*. De ce lieu sont les louanges et les blâmes, dont sont pleins les livres saints et profanes, pleines les annales, pleine la vie des hommes. Ainsi Virgile, au sixième de l'*Enéide*, décrit les faits d'un bon prince sous le nom du Romain.

Aie toujours souvenance, ô Romain,
De gouverner les peuples sous ta main
Par un tel art : en paix faire des lois,
Les glorieux, vaincre par le harnois,
Et aux vaincus soumis à ta puissance,
User bénin, d'une douce clémence.

(Ronsard)

Ici il faut réduire les dits et les écrits. Péricle (21) et Hortense sont grandement loués de bien dire ; Démosthène et Cicéron aussi de bien écrire. A ce lieu il faut réduire les conseils et les délibérations, encore qu'ils n'aient produit leur entier effet. Parménion et Philote furent mis à mort par le commandement d'Alexandre parce qu'ils étaient soupçonnés de conjuration, comme Curce et Arien le relatent. Et pour une cause semblable, Lentule, Cethègue et autres complices de Catilina furent punis par le jugement du Sénat Romain. Et généralement, comme nous avons déclaré que les causes sont communes à toutes les choses corporelles et non corporelles, nous voulons que les effets soient ainsi compris. En cette manière Horace, après avoir raconté quelques causes d'ivrognerie, décrit les effets de celle-ci.

L'ivrognerie ouvre au jour toute chose,
Notre pensée est par elle déclose,
Ce qu'on espère est par elle parfait.
Elle nous soulage et valeureux nous fait.
Mais est-il homme après avoir bien bu
Qui ne soit docte et qui n'ait beaucoup vu ?
De pauvreté le pauvre elle délie,
Car par le vin la pauvreté s'oublie.

(Ronsard)

Or il se trouve que les causes avec leurs effets et pareillement les effets avec leurs causes ont grande affinité, de sorte que non seulement les effets sont souvent disputés et éclaircis par (22) leurs causes, mais aussi les causes par leurs effets, toutefois ce cercle des effets aux causes n'apporte pas la vraie science, comme dit Aristote au premier de la *Démonstration*.

SUJET

Le sujet est ce à qui quelque chose est adjointe. Ainsi l'âme est sujet de science, ignorance, vertu, vice ; le corps, de grandeur, petitesse, santé, force, beauté ; l'homme est sujet des choses en lui situées, comme les Physiciens considèrent soigneusement le lieu des choses naturelles : du feu, de l'air, de l'eau, de la terre, des grêles, tempêtes, métaux, plantes, arbres, animaux : ce qui est proprement observé par Virgile aux *Géorgiques* déclarant le lieu propre à chaque chose qu'il veut décrire, comme aux blés, arbres, pâturages, ce qu'il signifie au commencement :

Or avant que le soc soit appliqué
Dedans un champ par nous non pratiqué
Premier nous faut bien connaître le vent,
Et l'air aussi, qui varie souvent,
Et du terrain la disposition,
Le naturel et la condition,
Ce qu'il vient mieux en tels et tels quartiers
Et ce qu'en tels ne vient pas volontiers :
Ici les blés mieux à point se mûrissent, (23)
Là mieux à point les vignes se nourrissent,
Ici les fruits des arbres sont meilleurs,
Et de son gré l'herbe verdoie ailleurs.
(Pelletier)

Aristote, au quatrième de la *Philosophie*, appelle aussi la chose sensible, sujet du sens : la couleur, de la vue ; le son, de l'ouïe, pour ce que les sens sont appliqués et occupés par les choses sensibles. Et par cet argument sont expliqués en la philosophie morale les vertus et vices : comme la tempérance et l'intempérance par la volupté, la magnanimité et la timidité par le péril, la libéralité et l'avarice par l'argent. Un tel sujet, Cicéron démontre en la *deuxième Agraire* qu'il n'y a chez les Capuans ni ambition ni rivalité aucune, parce qu'il n'y a en eux nul honneur.

« Ils n'étaient, dit-il, élevés de cupidité de gloire, pour ce que où l'honneur fait défaut, là ne peut résider cupidité de gloire : Ils n'étaient discordants par contention ni ambition car rien ne restait de quoi ils pussent contendre, rien qu' ils pussent demander à l'envie, rien en quoi ils pussent discorder. »

Par ce même argument il est dit par Properce,

Des vents parle le marinier,
Le laboureur de ses taureaux,

Ses plaies compte le guerrier,
Et leurs brebis les pastoureaux.
(Ronsard)

ADJOINT

L'adjoint est la chose adjointe au sujet, (24) comme Aristote en plusieurs lieux oppose le sujet et l'accident, lequel nous appelons ici avec Cicéron et Quintilien adjoint ou circonstance, parce que le nom d'Accident est une confusion des Effets, Adjoints, Comparés, comme il se peut entendre par Aristote au premier des *Topiques*, voire que l'Accident est de soi infini et appartient proprement à la cause fortuite, comme lui-même le dit au cinquième et sixième et septième de la *Philosophie*. Et pour cela nous laisserons la confusion du mot d'Accident, et séparerons en son rang chaque espèce par son nom. Ainsi donc nous dirons que les biens et les maux de l'âme et du corps sont leurs adjoints. Ainsi nous dirons que les propres qualités non essentielles convenant toujours et totalement à un seul sujet sont de lui adjoints ou circonstances, comme le rire est adjoint de l'homme, le hennissement du cheval, l'aboiement du chien. Et telle propre circonstance est en son sujet par soi et par sa nature sans aucune cause moyennante, et la conjonction des deux est entre soi en quelque sorte essentielle, comme Aristote l'enseigne au premier de la *Démonstration*, de quoi nous parlerons ici même plus amplement.

Par cet argument, Cicéron au plaidoyer de *Rosce*, joueur de farces, se moque de Fanne Cherée, partie adverse.

« Quoi ? (25) à votre avis cette tête et ses sourcils tout à fait rasés ne semblent-ils pas ressentir malice, et ouvertement publier et annoncer tromperie ? Ne semble-t-il pas depuis la plante des pieds jusques au sommet de la tête (si la figure du corps apporte à l'homme quelque conjecture) que tout est fait et composé de fraude, tromperie, menterie ? Lequel partant est toujours rasé et de tête et de sourcils afin qu'il ne soit estimé qu'il n'a aucun poil d'homme de bien. »

Ainsi Martial se moque au douzième livre :

Tu as rouge le poil, tu as noire la bouche,
Tu as le pied petit, tu as la vue louche,
Tu fais un grand cas, Julien,
Si tu es homme de bien.
(Ronsard)

Ainsi les habillements et compagnies sont choses adjointes. Par cette manière de circonstance Didon, allant à la chasse, est décrite magnifiquement au quatrième de l'*Enéide* :

Pendant ce temps l'Aurore se levoit
De l'Océan, et avec elle on voit
Sortir des champs les plus délibérés :
Larges épieux, toiles, pantes de rez,<filets pour la chasse>
Meutes de chiens, picqueurs Massyliens
Marchent épais. Les seigneurs Lybiens
Devant sa porte attendent la princesse,

Qui se levait d'une lente paresse.
Couvert de pourpre et d'or à l'avenant (26)
Se tient debout le hardi pied-sonnant
Qui fait le brave et de sa bouche humide
Mâche le frein de l'écumeuse bride.
Finalement elle marche dehors
A grande suite ayant autour du corps
Le riche honneur d'un manteau Tyrien
Ouvré en rond à point Sidonien,
La trousse au col, ses cheveux déliés
Autour du chef mignardement liés
D'un noeud doré, sa robe pourprée
Se retroussait d'une agraphe dorée.
(du Bellay)

Et souvent nous avons dans les circonstances la considération du temps, comme en toutes choses naturelles, quand elles naissent, périssent, croissent, diminuent, et bref en tout leur mouvement. Ce qui est aussi presque perpétuel dans toutes les affaires et dans les négoces des hommes : quel temps et quelle heure. La doctrine du sujet et adjoint a plus été traitée des philosophes sous le nom de l'accident que sous le nom du sujet. Ainsi Zénon au *Parménide* de Platon et Hippocrate au *Phèdre* de ce dernier enseigne de considérer ce qui advient coutumièrement à toute chose. Aristote fait de même sous le nom d'accident. La conjonction est presque telle entre les sujets et adjoints qu'elle est des causes avec leurs effets. Et le sujet principalement propre est premier par rapport à son adjoint (27) non seulement en raison, intelligence et nature, mais aussi quelquefois selon le temps, comme le dit Aristote au septième de la *Philosophie* parlant de la substance comparée à ses accidents, néanmoins d'autant plus grande est l'abondance des circonstances, d'autant plus souvent en est pratiqué l'usage. Et si quelquefois les adjoints singuliers ne sont pas de grand poids et autorité, néanmoins assemblés en grand nombre ils auront souvent grande force et vigueur, ainsi comme de tels signes dit Ovide au deuxième du *Remède d'Amour* :

Quelqu'un dira : ceci n'est pas grand cas.
Je le confesse, aussi ne l'est-il pas.
Mais tout cela qui en parties semble
Ne servir à rien, sert beaucoup tout ensemble.
(Ronsard)

OPPOSÉS

Les opposés sont ce qui vraiment ne peut être affirmé d'une seule et même chose, en même part, en même regard, en même manière, en même temps, comme il se peut entendre au premier des *Elenches*. Ainsi Socrate ne peut être noir et blanc en même part, père et fils en même regard, riche et pauvre en même manière, sain et malade en même temps ; mais blanc d'un côté et noir de l'autre, père d'un et fils de l'autre, riche d'espoir et pauvre d'effet, sain au jourd'hui et demain malade. Et les opposés sont de (28) leur nature, entre soi également notoires, comme dit Aristote au cinquième et sixième des *Topiques*. Et néanmoins l'un mis devant l'autre est plus clairement aperçu, comme lui-même le dit au troisième de sa *Rhétorique*. Les opposés sont contraires ou répugnants. Les contraires sont différents très grandement un à un, comme dit Platon au *deuxième Alcibiade*, et après lui Aristote dit la même chose pour les espèces, qu'il a enseignées dans les *Catégories*, l'*Interprétation*, les *Topiques* et les cinquième et dixième de la *Philosophie*. Les contraires sont affirmés ou niés. Les affirmés sont relatifs ou adverses.

RELATIFS

Les relatifs sont des contraires affirmés dont l'essence est mutuelle, comme père est celui qui a fils et fils celui qui a père. Ce qui est décrit par Aristote aux *Catégories*. Et par conséquent, ces contraires s'entreregardent toujours et sont naturellement ensemble tellement que si tu connais absolument l'un, tu connais aussi l'autre. Ce qui a été cause (légère toutefois et commune à tous les opposés) pour les Pyrrhoniens de mettre ces opposés entre les arguments de leur acatalepsie, c'est-à-dire incompréhensibilité. Et telle raison de relation ne fait donc aucune contrariété mais dénote un argument des causes mutuelles, comme : Je suis ton père, je ne suis donc ton fils. Mais quand (29) je dis : Je suis ton père, je ne suis donc ton fils, alors ces relatifs ne sont point traités comme causes mutuelles mais comme contraires. Or (comme l'enseigne Aristote au quatrième de la *Philosophie*) il y a relation d'un à un et non à plusieurs ; toutefois tous les relatifs ne sont pas contraires au point d'être sans tiers ni entre-deux, car entre père et fils il y a un entre-deux : celui qui n'a ni père ni fils.

ADVERSES

Les adverses sont des contraires affirmés dont l'essence est séparée, comme le blanc et le noir. Le blanc est une couleur disgrégative de la vue, le noir est une couleur congrégative de la vue. Ici l'un n'est point compris en l'essence de l'autre comme le père en l'essence du fils et le fils en l'essence du père. Ainsi le bien et le mal, le chaud et le froid, la vertu et le vice sont opposés. Ces contraires ne sont opposés qu'un à un, comme dit Aristote au quatrième de la *Philosophie*, et néanmoins (comme il dit dans les *Catégories*) ils ont tantôt quelque entre-deux, comme noir et blanc, entre lesquels sont verts, gris, rouge, tantôt pas d'entre-deux, comme liberté, servitude. Tibulle au deuxième livre :

Dame et service tel, je me sens apprêté,
Que dire je puis bien : adieu ma liberté.
(Ronsard)

(30) **PRIVANTS**

Les contraires niés sont tels que l'un contient la négation de l'autre et sont privants ou contredisants. Les privants sont des contraires niés desquels l'un est habitude, l'autre privation de l'habitude, comme la vue est habitude, l'aveuglement privation de celle-ci en l'homme ou autre animal capable de vue et d'aveuglement, car proprement la chose ne se peut dire aveugle quand par sa nature elle ne peut pas voir ; et c'est autrement que nous disons aveugle la taupe et l'homme. Ainsi Aristote dit au dixième de la *Philosophie* que la privation est négation de l'habitude. Et l'habitude et la privation sont donc en une même chose, comme il est enseigné aux *Catégories* et quatrième et cinquième de la *Philosophie.* Ainsi riche et pauvre sont opposés en Martial au cinquième livre :

Si maintenant tu n'as rien,
Toujours auras l'indigence :
En ce temps on ne fait bien
Sinon aux riches en France.
(Ronsard)

Les contraires de cette espèce n'ont ni tiers ni entre-deux, si l'un est naturel, comme il est dit aux *Catégories :* ainsi vie et mort sont sans entre-deux.

CONTREDISANTS

Les contredisants sont des contraires niés dont (31) l'un affirme, l'autre nie totalement la même chose. Ce qui est traité par Aristote dans les lieux ci-dessus allégués. Comme juste, non juste ; il aime, il n'aime pas. Et ici l'affirmation et la négation ne sont pas propres d'un certain genre, comme dans les privants mais communes à tout : et donc aveugle, non aveugle, mort, non mort sont des contredisants. Et ce sont des contraires partout sans entre-deux. Ainsi il est contredit dans les sentences de Caton et Cicéron, l'un Stoïcien, l'autre Académicien. Le dialogue est en ces paroles *Pour Murène.*

— Ne pardonne rien.
— Mais quelques choses, non toutes.
— Ne fais rien par faveur.
— Mais ne résiste pas à la faveur quand le devoir et la foi la requièrent.
— Ne sois pas ému par la miséricorde.
— Voire, pour violer la justice.
— Mais néanmoins est-il quelque louange d'humanité.
— Demeure en ta sentence.
— Certes, si une autre sentence meilleure ne la surmonte.

Martial au cinquième livre :

Jane, il est vrai, tu es pucelle,
Nous le savons, et riche et belle :
Chacun le peut bien avouer,
Mais quand tu te veux trop louer
Pucelle n'es, riche ni belle.
(Ronsard)

Attique Epicurien disait que les morts ne sont rien et par conséquent qu'ils étaient misérables. Par cet argument, Cicéron le contraint en la première *Tusculane* à confesser que les morts ne sont pas (32) misérables, car il s'ensuivrait une contradiction et qu'une même chose serait et ne serait point.

« Or j'aimerais mieux, dit-il, que tu eusses crainte de Cerbère que de dire ces choses si follement.

Attique —Et quoi donc ?

Marc —Tu dis que celui même est, lequel tu nies être. Où est ton esprit ? Car quand tu dis que le mort est misérable, alors tu dis être celui qui par ton dire n'est point en être. »

Finalement après une longue discussion, Attique répond :

« Or bien donc, je t'accorde que ceux qui sont morts ne sont point misérables d'autant que tu m'as forcé de confesser que certainement ceux n'étaient point misérables qui du tout n'étaient point. »

Aristote démontre en l'*Interprétation* qu'une seule affirmation est opposée à une seule négation, ce qui est ce que nous avons dit être commun à tous les contraires, être opposés un à un. Or sur toutes les espèces de contraires celle-ci a été débattue grandement par les philosophes, entre autres Antisthène qui avait écrit quatre livres dans lesquels (comme dit aussi Aristote au quatrième de la *Philosophie*) il démontrait qu'il n'était pas possible de contredire, ce qui était un grand paradoxe.

RÉPUGNANTS

Les répugnants sont des opposés différents non très grandement un à un, comme les contraires, (33) mais un à plusieurs. Entre deux contraires quelquefois il y a quelque entre-deux et qui n'est néanmoins pas contraire à ceux-ci mais répugnant, comme le vert, gris, rouge est entre le noir et le blanc, lesquels sont tous répugnants aux extrêmes et entre soi. Ainsi libéralité, prodigalité, avarice répugnent entre soi car libéralité et prodigalité ne sont pas extrêmement différentes, vu que libéralité et avarice, comme dit Aristote au deuxième des *Morales à son fils* sont plus différentes. Qui plus est, le vice (qui est genre des deux vices spéciaux) diffère beaucoup plus de la libéralité, comme pareil est d'avantage opposé à non pareil qu'il n'est au plus et au moins qui sont espèces de non pareil. Ainsi l'homme, l'arbre, la pierre et telles choses innombrables sont répugnantes, et néanmoins l'homme, l'arbre et la pierre ne peuvent être une même chose. Virgile utilise, au premier de l'*Enéide* , cet argument :

Quelle te nommerai-je, ô vierge ! car mortelle
Ni la face tu n'as, ni ta voix comme celle
D'un homme point ne sonne, ô vraiment déesse.
(de Bruès)

COMPARÉS

Les comparés sont des choses conférées l'une avec l'autre, et ont deux espèces : l'une en quantité, l'autre en qualité. La comparaison de quantité est appelée raison par les mathématiciens. La quantité est pareille ou non pareille. Ainsi au quatrième et (34) onzième de la *Philosophie* Aristote prend généralement et logiquement la signification de quantité et dit que l'égalité et l'inégalité sont les premières différences, espèces et affections de toutes choses. Les espèces de cette comparaison sont enseignées au *Parménide* de Platon et répétées par Aristote en plusieurs lieux.

PAREILS

Les pareils sont donc desquels il y a une seule et même quantité, comme les définit Aristote au cinquième de la *Philosophie*, ou qui ne sont plus ni moins, comme lui-même les définit au premier de la *Rhétorique*. L'argument donc du pareil sera quand le pareil est expliqué par son pareil, tellement que si l'un n'est point, l'autre ne sera point, et que si l'un est, l'autre sera aussi, comme il est enseigné au deuxième des *Topiques*. Et quelquefois cet argument est exprimé par de propres notes comme : Pareil, Egal, Egalé, Même, Tant que, D'autant, Qu'autant et par la négation Ni plus, ni moins.

« Pareil aux légers vents, »

dit Virgile au deuxième de l'*Enéide*. Cicéron *Pour Murène* :

« Je connais ces choses en Luce Murène être pareilles, et ainsi pareilles que ni lui n'ait pu être vaincu de dignité par toi ni qu'il t'ait surmonté de dignité. »

Virgile au troisième de l'*Enéide* : (35)

Et or' en âge égal jeunirait avec toi.

(Pasquier)

Et au sixième,

Cette Rome fameuse,
Laquelle égalera au grand tour spacieux
Du monde son empire et son courage aux cieux.

(Ronsard)

Cicéron en la quatrième *Catilinaire :*

« Duquel les vaillances et prouesses sont bornées des mêmes limites et bornes, desquelles le cours du Soleil est borné. »

Virgile au quatrième de l'*Enéide* :

Et d'affirmer essaie
Autant la faux que la parole vraie.

(du Bellay)

Ainsi Ovide, au cinquième des *Tristes* :

Autant qu'un rivage a de conques sur l'arène,
De roses les rosiers et le pavot de graine,
Qui fait dormir les gens, autant que les buissons
Ont de bêtes chez eux, et la mer de poissons,
Autant que les forêts ont de feuilles nouvelles,
Et autant que d'oiseaux battent l'air de leurs ailes,
Autant j'ai de soucis, de tourment et d'encombre.
Que si je m'efforçais de les réduire par nombre,
En vain m'efforcerais de dire ou de bouter
Les flots Icariens en nombre, et les compter.

(Ronsard)

Cicéron en la neuvième *Philippique* parlant de Sulpice :

« Non plus conseillant le droit que la justice, et plus n'aimait ordonner formules de plaidoyer, que faire taire les querelles et dissensions. »

Ovide au deuxième de l'*Art* :

Ce n'est moindre vertu garder, que d'acquérir.

(Ronsard) (36)

Quelquefois aucune de ces notes n'est proposée, par exemple dans Térence aux *Adelphes* :

Puisque je n'ai soin du tien, n'aie soin du mien.

et Martial au cinquième livre :

Quand Monsieur je te dis, Roullet,
Hé le dis-je pauvre follet
Pour te plaire ou pour ta value ?
Je t'avise que mon valet
Bien souvent ainsi je salue.

(Marot)

Souvent nous voyons en comparaison des choses pareilles être réprimées par des choses pareilles. Damète en la troisième *Eglogue* propose cette Enigme :

Dis-moi en quelle terre on ne voit seulement
Que trois brasses de ciel, et me seras vraiment
Un certain Apollon en chose difficile.

(Ronsard)

Auquel Ménalque ne peut répondre, mais en propose un pareil :

Dis- moi en quelle terre on voit naître les fleurs
Ayant le nom des rois écrit sur leurs couleurs,
Et tu auras tout seul Phyllis, la belle fille.

(Ronsard)

Ainsi quelquefois des opposés (comme Aristote le montre au deuxième des *Topiques*) se forme raison pareille qui est certaine aux relatifs et aux privants, et quelquefois aux adverses. Le père est seigneur du fils, le fils donc est serviteur du père. La vue est habitude du sens, l'aveuglement donc est privation de celuici. Cicéron au cinquième livre des *Fins* :

« Et pour ce, dit-il (37) que ces choses sont issues du corps, qui est cause pourquoi la beauté ne soit par soi justement désirée ? Car si nous pensons que la tortuosité et imperfection du corps soit de sa nature haïe, pourquoi par même raison, voire peut être plus grande, n'appétons-nous la beauté d'un élégant corsage ? Et si nous fuyons la déformité en stature et geste du corps, pourquoi ne suivrons-nous la beauté ? »

PLUS

Le non-pareil est plus ou moins. Le plus est quand le moins difficile est déclaré par ce qui est plus difficile d'être. Et donc cet argument affirme seulement, comme il est enseigné au deuxième et troisième des *Topiques*. Et ici quelquefois se trouvent les propres marques de cette comparaison, comme : Non seulement... mais aussi, Avec, D'avantage, J'aime mieux ceci que cela. Cicéron *Pour Murène* :

Déjectée est d'entre nous...

non seulement cette babillarde simulation de prudence, mais aussi cette dame des choses

... Sapience
Tout est régi par force et violence.
L'orateur...

non seulement fâcheux en paroles et superflu, mais aussi

... bon est partout en mépris.
Le fier gendarme a seulement le prix.
(Ronsard) (38)

Cicéron en la deuxième *Agraire* parlant du souci du Consulat :

« Laquelle pensée avec ce qu'elle est difficile et grande à un chacun, d'avantage à moi sur tous autres. »

Juvénal en la huitième *Satyre* :

J'aime mieux que Thersit' soit ton père, pourvu
Que tu sois comme Achil' de vaillance pourvu,
Soutenant le harnais, que si le grand Achille
T'engendrait un Thersite à la guerre inutile.
(Ronsard)

Souvent sans aucune de ces notes se traite cet argument. Cicéron *Pour Murène* :

« Je te prie ne sois pas si injuste, puisque tes fontaines sont ouvertes même à tes ennemis qu'il faille que nos ruisseaux soient clos même à nos amis. »

Virgile au premier de l'*Enéide* :

O compagnons, car nous savons assez
Les maux qu'avons par ci devant passés,
Souffert avez plus grands maux que ceux-ci.
Dieu par sa grâce y mettra fin aussi.
(Pasquier)

MOINS

Le moins est quand ce qui est plus difficile est éclairci par ce qui est plus facile d'être. Et pourtant cet argument nie seulement, comme il est enseigné dans les *Topiques* allégués ci-dessus. Ce qui se fait aussi souvent par propres notes. Cicéron en la neuvième *Philippique :*

« Tous les hommes, de quelque mémoire qu'ils soient, qui ont eu en cette ville l'intelligence du droit, s'ils étaient (39) mis ensemble, ne sont à comparer avec Serve Sulpice. »

Ainsi Ovide au troisième des *Tristes* :

Tu es plus cruel que Busire,
Et mille fois plus inhumain,
Que ne fut celui qui fait cuire
Un faux boeuf dans un boeuf d'airain.
(Ronsard)

Ainsi Virgile en la première *Eglogue* :

Plutôt en l'air prendront les cerfs pâture,
Et les poissons aux bords sans couverture
Demeureront dans les eaux abandonnés,
Plutôt étant de leurs cours détournés,
Et traversant l'un de l'autre les plains

Saune les Parts, le Tigre les Germains
Abreuvera qu'oncques sa sainte face
Du souvenir de mon âme s'efface.
(Pasquier)

En tous ces exemples le moins est employé à l'explication du plus et de cette même espèce sont ces formules qui se font par négation et du pareil et du plus. Cicéron en la deuxième *Catilinaire* :

« Ils ne se plaignent point tant de ces choses qu'il les craignent. »

Et là même :

« Nul banqueroutier ne s'est trouvé non seulement à Rome, mais en aucun coin d'Italie qu'il n'ait attiré à cette incrédible ligue de méchanceté. »

Cet argument est aussi sans aucune propre note. Cicéron *Pour Marcel :*

« Tant loin es tu de la perfection de très grandes œuvres qu'à grand peine as tu mis les (40) fondements. »

Quelquefois au même exemple il semblera y avoir argument et du plus et du moins, comme en Ovide au premier du *Remède d'Amour* :

Afin que ton corps tu guérisses
Tu souffres le fer et le feu,
Et bien que de soif tu languisses,
Jamais en ta fièvre n'as bu.
Ne veux tu pour l'esprit guérir,
Toutes choses dures souffrir,
D'autant qu'on lui doit par raison
Trop plus qu'au corps de guérison ?
(Ronsard)

Ovide déclare que cette comparaison est du moins au plus, et vraiment elle est telle si on regarde les sujets, corps et âme ; mais si l'on considère les choses attribuées, l'argument sera du plus au moins : car plus est enduré pour chose moindre que pour plus grande. Et par conséquent, de tels exemples sont disputés par l'affirmation et par la loi du plus au moins : Tu endures pour ton corps, endure donc pour ton âme.

COMPARAISON DE QUALITÉ

S'ensuit la comparaison de qualité, similitude et dissimilitude. Et telle signification propre à la logique, c'est-à-dire générale et universelle, est ainsi approuvée par Aristote au quatrième et onzième de la *Philosophie* où il appelle similitude et dissimilitude premières (41) différences, espèces et affections de toutes choses. De laquelle comparaison les espèces sont enseignées et recommandées grandement par Hippocrate et Platon, comme amplement l'enseigne Galien dans les *Opinions* des deux.

SEMBLABLES

Les semblables donc sont ce qui a même qualité, comme les définit Aristote au cinquième de la *Philosophie*. Et ils ont aussi leurs notes et marques. Cicéron en la neuvième *Philippique* :

« Combien toutefois que Serve Sulpice n'ait pu laisser plus clair monument que son fils, image de ses moeurs, vertu, constance, piété, esprit. »

Ovide au premier des *Tristes* :

La plaie dont je péris
N'aura guérison parfaite
Si toi César qui l'as faite,
Comme Achil' ne la guéris.
(Ronsard)

Quelquefois la marque de similitude est plus manifeste, et la similitude plus amplement déployée des deux parts. Ovide au premier des *Tristes* :

Tout ainsi que l'or on éprouve
Au feu avecques la coupelle,
Ainsi le bon ami se trouve
Au temps d'adversité, fidèle.
(Ronsard)

Cicéron en la deuxième *Philippique* :

« Mais certainement comme aucuns par sentiment assoupis ne sentent la douceur de la viande, ainsi les (42) paillards, avares, méchants n'ont point le goût de la vraie louange. »

Quelquefois il n'y a nulle note, et néanmoins elle est entendue. Virgile en la deuxième *Eglogue* :

O bel enfant, ne te fie
Pas trop en ta belle couleur :
Souvent on cueil'la noire fleur,
Et la blanche chét fanie.
(Ronsard)

Exemples, fables d'Esope et paraboles socratiques sont de cette comparaison, comme est celle que Cicéron a traduit d'Eschine le Socratique, en laquelle Aspase, femme docte et savante, montre à Xénophon et à sa femme comment ils s'entr'aimeront grandement :

« Dis-moi de grâce, ô femme de Xénophon, si ta voisine avait de l'or meilleur que tu n'as, aimerais-tu mieux le sien ou bien le tien ? — Le sien, dit-elle. — Et si elle avait robe ou tout autre ornement de femme, de plus grand prix que toi, aimerais-tu mieux le sien ou le tien ? — Le sien vraiment, répondit-elle. — Or ça donc, si elle avait meilleur mari que toi, appèterais-tu le sien d'avantage ? A ce propos la femme rougit. Et lors Aspase commença à deviser avec Xénophon. Je te prie, dit-elle, si ton voisin avait un cheval meilleur que le tien, aimerais-tu mieux le sien que le tien ? — Le sien, dit-il. — Et s'il avait un héritage meilleur que tu n'as, finalement aimerais-tu (43) mieux le sien ? — Le sien, dit-il, comme le meilleur. —Et s'il avait meilleure femme que tu n'as, aimerais-tu mieux la sienne ? Ici semblablement Xénophon se tut. Et lors Aspase : Pour autant, dit-elle, que chacun de vous ne m'a répondu un seul mot de ce que seulement j'attendais, je vous dirai moi-même ce que l'un et l'autre pensent. Car, et toi, femme, tu aimes mieux avoir le très bon mari, et toi Xénophon, tu désires grandement d'avoir femme de singulière élite. A cette cause ni vous ne mettez peine que nul mari meilleur, et nulle femme plus élite ne soit au monde, certes vous désirerez beaucoup plus ardemment ce que vous estimerez toujours être très bon, et toi que tu sois marié avec une bien bonne femme, et elle qu'elle soit par mariage jointe avec un bien bon mari. »

Or de telles similitudes feintes sont populaires et contiennent en soi ce bien, quand il est difficile d'inventer des choses faites semblables, il est facile de feindre des paraboles. Néanmoins des exemples des choses faites sont plus utiles, comme l'enseigne Aristote au deuxième de la *Rhétorique*. Or l'opinion de deux philosophes est fort contraire en cet argument : Euclide, de Mégare (ainsi que le cite Laërce) s'en moquait et disait qu'il fallait plutôt considérer la chose que la similitude de celle-ci : Empédocle (comme dit Aristote au troisième de la *Philosophie*) semblait (44) attribuer toute connaissance à la similitude quand il dit que toute chose est connue par son semblable.

L'eau se connaît par l'eau, la terre par la terre,
L'air se connaît par l'air, qui nous cerne à l'entour.
La haine se connaît par la haineuse guerre
Et l'amour se connaît par l'amiable amour.
(Ronsard)

Speusippe, successeur de Platon en l'Académie, avait écrit sur cet argument, comme sur toute la philosophie, plusieurs livres, lesquels furent achetés par Aristote douze cents écus.

DISSEMBLABLES

Les dissemblables sont ce dont la qualité est diverse et s'appellent aussi différents, comme dissimilitude et différence sont prises pour un. L'argument des dissemblables se déduit aussi par ses notes. Cicéron *Pour Planque :*

« Combien que la dette d'argent et de grâce est dissemblable. »

Cicéron au premier des *Epîtres à son frère* :

« Ton anneau soit, non comme quelque vase, mais comme toi-même. »

Horace au premier des *Epîtres* :

Le même âge n'ai plus ni la même pensée.
(de Bruès)

La dissimilitude est fort fréquente en cette formule : *Combien... toutefois*. Virgile au deuxième de l'*Enéide* : (45)

Alors Priam combien qu'il entendît
Qu'il était près de la mort, toutefois
Il n'épargna ni son ire ni sa voix.
(des Masures)

Et beaucoup plus fréquente en cette manière : *Non pas ceci, mais cela*. Ovide au deuxième de l'*Art* :

Ulysse n'était beau, mais il était facond.
(Ronsard)

D'avantage peu autrement : *Si...néanmoins.* Térence en l'*Eunuque* :

« Car encore que je fusse fort digne de cette injure, si tu es néanmoins indigne de la faire. »

En outre il y a plusieurs manières de cet argument. Martial au cinquième livre :

Riche ne suis, certes je le confesse ;
Bien né pourtant, et nourri noblement :
Mais je suis lu du peuple et gentillesse

Par tout le monde ; et dit-on : C'est Clément.
Maints vivront peu, moi éternellement.
Et toi tu as prés, fontaines et puits,
Bois, champs, châteaux, rentes et gros appuis :
C'est de nous deux la différence et l'être ;
Mais tu ne peux être ce que je suis :
Ce que tu es, un chacun le peut être.
(Marot)

Cicéron au troisième livre de l'*Orateur :*

« La Philosophie n'est point semblable aux autres arts, car que fera en géométrie celui qui n'aura rien appris ? que fera-t-il en Musique ? il faut qu'il se taise ou bien qu'il soit estimé du tout fol. (46) Mais ces choses qui sont en philosophie sont inventées par esprits prompts et subtils à ce qui est vraisemblable en chacune chose, et ornées et polies par langage médité et préparé. »

Quelquefois, il n'y a aucune note. Catulle :

Les Soleils ont le pouvoir
De mourir, et de se voir
Revivre en clarté nouvelle :
Mais après que serons morts
Il faudra dormir alors
Une nuit perpétuelle.
(Ronsard)

Jusqu'ici les lieux des premiers arguments sont exposés ; s'ensuivent les issus des premiers : raison du nom, distribution, définition. La raison du nom, quand quelque raison est tirée du nom, comme la notation, la conjugaison.

NOTATION

La notation est l'interprétation du nom car la raison de tous les noms dérivés ou composés se peut rendre par les premiers arguments, comme courageux : plein de courage ; homicide : qui a occis quelque homme. De cet argument est le *Cratyle* de Platon lequel nous apprend que les noms sont les instruments des choses nommées, mais les uns vrais, faits par imitation et dont il se peut rendre raison, les autres soit faux, soit primitifs, soit inconnus. Or quand (47) les noms sont faux, la notation est périlleuse, et aussi, Galien l'appelle-t-il faux témoin au livre des *Opinions d'Hippocrate et Platon.* Aristote l'appelle au deuxième de la *Démonstration :* raison nominale et au deuxième des *Topiques* : raison du nom, et au deuxième de la *Rhétorique*, lieu du nom. Cicéron se moque par cet argument en la deuxième *Philippique*, de Bambalion, beau-père d'Antoine.

« Je ne sais quel Bambalion (dit-il) a été père de ta femme, bonne, riche certes assurément, homme de nulle estime. Rien n'était si abject que lui qui pour bégaiement de langage et étonnement d'esprit, a gagné surnom de contumélie. »

De telles sornettes et facéties sont souvent tirées de ce lieu.

CONJUGAISON

La conjugaison est la variable commutation de noms d'un genre, comme Justice, Juste, Justement. Aristote au deuxième des *Topiques* les appelle cas et associés de même société, et fait différence entre cas et associés, comme si Justice et Juste étaient associés, Justement était cas. Mais lui-même n'a point gardé cette différence et appelle indifféremment cette raison tantôt cas, tantôt associés, comme aussi fait au deuxième de la *Rhétorique*. Nous les appelons, avec Cicéron et Quintilien, Conjugués, dans (48) lesquels est contenu un symbole des causes et effets à l'invention desquels nous sommes conduits par l'indice de cette nominale conjugaison car le nom primitif contient la cause de ses conjugués, comme Justice est cause par laquelle l'homme est juste et vit justement. Properce au deuxième livre :

Puisque tout amoureux perd toujours liberté,
Nul libre ne sera qu'amour ait arrêté.
(Ronsard)

Ici la liberté est cause que tu sois libre. Cicéron au troisième de *La Nature des Dieux* parlant de Denys le tyran :

« Incontinent il commanda de ravir les tableaux de tous les temples, dans lesquels étant donné qu'il était écrit selon l'ancienne coutume de la Grèce : "des bons Dieux", il disait qu'il voulait user de leur bonté. »

Ici par l'effet, il est disputé de la cause : Les Dieux sont bons ; il faut donc user de leur bonté.

Ce lieu est recommandé par Aristote singulièrement aux troisième et septième des *Topiques*, comme étant fort fréquent et de grande utilité.

DISTRIBUTION

La distribution est distinction du tout en ses parties, lesquelles sont 'du tout' ou causes ou effets ou sujets ou adjoints, car en distribution il n'y a regard d'aucune opposition ni comparaison. (49)

DISTRIBUTION PAR LES CAUSES

Or donc la première espèce de distribution est par les causes constituant le tout. Ainsi Aristote dit au cinquième de la *Philosophie* que toute chose est composée de ses causes, comme la nature de l'âme humaine est triple, végétative, sensitive, raisonnable, dont l'essence de notre âme est composée. Ainsi la nature de l'homme est composée de l'esprit et du corps. Et ici quand le tout est composé des parties, proprement il se dit 'tout', et 'partie' aussi 'partition'. Platon au *Politique* nous enseigne la partition en déclarant que c'est le tout et la partie. Or donc cette distribution, quand quelque longue discussion se démène, est la principale, comme procédant par les causes constituant la nature et l'essence de la chose. Comme chez les orateurs et poètes quand ils distribuent en certaines parties toute la question. Cicéron *Pour Murène :*

« J'entends, Juges, qu'il y a eu trois parties de toute l'accusation, et que l'une de celles-ci est en répréhension de la vie, l'autre en comparaison de dignité, et la troisième est exposée à la déduction des crimes. »

Ainsi Virgile au commencement des *Géorgiques* :

Ce qui les champs ensemencés fait rire,
Quel signe en l'an (Mécène) il faut élire
Pour le labour des terres manier, (50)
Et aux ormeaux la vigne marier,
Quel soin aux boeufs employer appartient,
Par quel moyen le bétail s'entretient,
Et la pratique, à quoi sont usagères
Mouches à miel chiches et ménagères,
Je chanterai dès ici.

(Pelletier)

Or cet argument se traite aussi séparément ou des parties au tout, ou du tout aux parties comme au sixième des *Topiques* , il est proposé par le menu.

DISTRIBUTION PAR LES EFFETS OÙ IL EST QUESTION DU GENRE ET DE L'ESPÈCE

La deuxième espèce de distribution est par les effets, comme pour les hommes, les uns ont soin du bien public, les autres du particulier, quelques-uns ni de l'un ni de l'autre. De cette manière est la distribution du genre en ses espèces. Le genre est pluralité des choses semblables en essence, ou essence semblable de plusieurs choses. L'espèce est une partie du genre. Comme on peut le voir au *Parménide*, *Sophiste*, *Politique* de Platon aussi au dixième de la *Philosophie* d'Aristote. Ainsi disons-nous le genre des animaux, car c'est la pluralité des choses semblables en nature et essence, comme en faculté de vie et de sens, et l'animal est genre des singuliers animaux car c'est essence commu (51) ne à plusieurs. Ainsi disons-nous l'homme et la bête espèces d'animaux car ils sont parties de cette commune essence. Ainsi disons-nous l'homme genre des singuliers hommes et le lion, des singuliers lions. Et, au contraire, les hommes singuliers, espèces de l'homme, et les singuliers lions, du lion, comme Aristote parle aux premier et troisième livres de sa *Philosophie* aussi au livre *De la longueur et brièveté de la vie*, comme aussi parlent communément et les Grecs et les Latins en signifiant par le genre une communion de plusieurs espèces, et par les espèces au contraire plusieurs parties de cette communion, entre soi différentes. Le genre est généralissime ou subalterne ; l'espèce subalterne ou spécialissime. Le genre généralissime n'a nul genre supérieur, comme en Logique, la raison est genre généralissime de tous les arguments artificiels ou inartificiels. Est subalterne, tant genre qu'espèce, ce qui est espèce de quelque supérieur, genre aussi de quelque inférieur, comme la cause est espèce de raison artificielle, genre de fin, forme, efficiente, matière. Est espèce spécialissime, ce qui n'a pas d'espèces inférieures, ce qui est appelé en l'école individu, comme n'ayant pas d'espèces en lesquelles il puisse être divisé, comme les fins, formes, efficientes, et matières propres des choses sensibles et singulières. Or genre et espèce sont symboles (52) des causes et effets, comme en l'animal est la substance corporelle qui est commune matière à ses espèces, d'avantage faculté de vie et de sens qui est forme commune à ses espèces. Et par conséquent, le genre contient les communes causes de ses espèces, et au contraire donc les espèces contiennent les effets de leur genre. Ainsi l'universel est honorable, car il déclare la cause, comme le dit Aristote au premier de la *Démonstration* . La distribution du genre en ses espèces est appelée proprement division, et est fort excellente, mais aussi est difficile et rare à trouver ; néanmoins en guise d'illustration et d'exemple, nous alléguerons ce que nous pourrons !

Ovide au premier de la *Métamorphose* divise l'animal en cinq espèces, étoiles, oiseaux, bêtes, poissons, hommes, attribuant aux étoiles une âme comme les philosophes anciens.

Aussi afin que région aucune
Vide ne fut d'animaux, à chacune
Propres et adaptées, les étoiles et signes
Et des hauts dieux les formes très insignes
Marquèrent le ciel ; les poissons nets et beaux
Eurent en part pour leur manoir les eaux ;
La terre après prit les bêtes sauvages,
Et l'air subtil oiseaux de tous plumages.
La trop plus sainte et noble créature
Capable plus de haut sens par nature, (53)
Et qui sur tout pouvait avoir puissance
Restait encore : or prit l'homme naissance,
Ou l'ouvrier grand, de tous biens origine,
Le composa de semence divine.

(Marot)

Ainsi Cicéron au premier des *Offices* divise la vertu en quatre espèces : prudence, justice, force et tempérance.

Mais tout ce qui est honnête est issu de quelqu'une des quatre parties, car il est ou en connaissance et science du vrai, ou en conservant la société des hommes, rendant le sien à chacun et en foi des contrats et conventions, ou en grandeur et force de courage hautain et invincible, ou en toutes choses qui se font et disent par ordre et moyen, en quoi consiste modestie et tempérance.

C'est la même division quand le genre est divisé dans les formes de ses espèces, comme vulgairement dans les écoles l'on dit des animaux que l'un est raisonnable et l'autre non raisonnable , car les espèces en telle division sont proposées, même plus évidemment qu'elle ne le seraient par leurs propres noms.

Le genre et l'espèce souvent se traitent non seulement en cette simple forme de division, mais aussi séparément l'un par l'autre, comme il est traité au deuxième des *Topiques*. L'on proposait à Cicéron :

« Tu es orateur, Archias est poète, comment donc lui dois-tu le fruit de ton éloquence ? Voire mais, dit-il, tous les arts qui appar (54) tiennent à l'humanité ont quelque lien commun et sont ensemble conjoints quasi de quelque affinité et alliance. »

Art est genre, Poétique et Eloquence sont espèces. Au contraire le genre est traité par ses espèces, comme au quatrième des *Tristes* :

Pour tes vertus choisis matière hasardeuse :
Le vrai éloge prend sa trace en un sentier lubrique :
Qui eût Hector connu demeurant Troie heureuse ?
Sa vertu prit chemin par un travail public :
Ton art, Typhé, du tout tomberait en mépris
Si la mer tout son dos ne hérissait d'orage
Et ton art, Apollon, demeurerait sans prix
Si nous tous en santé parachevions notre âge.
Celle vertu qui est leste, morne et cachée,
Alors qu'en ses desseins grand chose ne rencontre
Aux fatigues et maux et périls empêchée
Plus elle est travaillée et plus forte elle se montre.

(Pasquier)

La prouesse de guerre est approuvée en adversité ; pareillement, la science des nautonniers et des médecins : la vertu donc est approuvée en adversité. C'est un argument des espèces au genre. Les exemples spéciaux appliqués à leur genre sont de ce lieu. L'homme est philosophe, comme Socrate et Platon, car ces exemples sont des espèces du genre proposé. Platon dit au *Lyse* que les exemples sont garants et répondants de la raison, et Aristote au huitième des *Topiques* enseigne que les exemples familiers (55) et par lesquels nous connaissons, servent grandement pour illustrer et éclaircir la dispute, comme sont en Homère excellent poète, non en Chérile poète de nul prix !

Mais assez dit du genre et de l'espèce, lesquels ont été plus disputés en Dialectique que ne fut jamais autre partie, et par la même occasion s'est émue la question de l'Idée bien que par elle ne fût entendue autre chose en Platon que le genre logicien, comme l'interprète Aristote au troisième de la *Philosophie*.

DISTRIBUTION PAR LES SUJETS

La tierce espèce de distribution est par les sujets, quand le tout est adjoint, les parties sont sujets de celui-ci, comme en Catulle :

Ton pucelage, ô dame, n'est à toi
Tant seulement, ains à tes père et mère :
Ta mère en prend un troisième pour soi.
L'autre troisième appartient à ton père.
Un troisième est pour toi seule ordonné.
Ne veuille à deux opiniâtre te rendre
Qui tout d'un coup ont ensemble donné
Avec ton dot, tout leur droit à leur gendre.

(Pasquier)

Ainsi Cicéron en la première *Académique* :

« Depuis longtemps, dit-il, trois manières de philosopher ont été reçues de Platon, une de la vie et des moeurs, l'autre de nature et des choses occul (56) tes, la troisième de disputer en jugeant ce qui est vrai, ce qui est faux, ce qui va droit en l'oraison et ce qui va de travers, ce qui est convenable et ce qui est répugnant. »

DISTRIBUTION PAR LES ADJOINTS

La quatrième espèce de distribution est par les circonstances, quand le tout est sujet et les parties sont circonstances, comme les hommes les uns sont sains, les autres malades, les uns riches, les autres pauvres. Ainsi Virgile au premier des *Géorgiques* distribue le monde en cinq parties, la moyenne aride, les deux extrêmes froides et les autres tempérées.

Cinq Zones font du haut ciel le circuit
Desquelles l'une ardente l'autre toujours cuit
D'âpre soleil, qui de feu étincelle.
Et en un chacun côté d'icelle
Dextre et senestre autres deux ont leur place
Qui, en tout temps, de pénétrante glace
Etreintes sont et d'ombreuse ravine.
Deux y en a par la bonté divine
Entre les deux et celle du milieu
Où les humains misérables ont lieu :
Entre'elles deux est le chemin bourné
Où l'ordre obliq' des signes est tourné.
(Pelletier)

La troisième distribution imite la première (57) par quelque similitude, aussi la quatrième est-elle semblable à la deuxième. Néanmoins elle n'est ni à l'une ni à l'autre vraiment ni tout ni part, puisque les adjoints se peuvent séparer de leurs sujets. Toutefois faute de meilleures, de telles distributions sont quelquefois employées. De ce lieu il se trouve en Aristote quelques opinions ramassées, peu convenantes entre elles. Car au deuxième de la *Démonstration* la distribution est accusée comme sophistique, voire comme impossible, d'autant que pour diviser il semblerait être nécessaire de connaître toutes choses ; mais au premier du *Syllogisme*, la division du genre en ses espèces est comptée pour partie de l'Invention et au deuxième de la *Démonstration* elle est mise entre les opposés sans entre-deux, et le lieu total de la distribution est loué comme nécessaire à toute question. Ainsi au septième des *Topiques* elle est recommandée singulièrement, comme lieu de très grande efficace. Et même au troisième de la *Philosophie*, Aristote semble attribuer cette louange à ses précepteurs Socrate et Platon, par lesquels les Idées et les Inductions seraient exposées logiquement ; certes, trois dialogues de Platon sont employés en cette doctrine, le *Parménide*, le *Sophiste* et le *Politique*. (58)

DÉFINITION

La définition est la raison qui éclaire proprement le propos tel qu'il est, comme Platon l'enseigne au *Théètète*, au *Politique*, au *Sophiste*, et Aristote après lui au deuxième de la *Démonstration*, et aux premier et sixième des *Topiques*. La définition est parfaite ou imparfaite.

DÉFINITION PARFAITE

La définition parfaite est la définition composée des causes constituant l'essence, lesquelles toutes sont comprises au genre et en la forme ; et ainsi est défini l'homme, animal raisonnable. Car par le genre "animal" nous entendons, (comme il est dit) essence corporelle pleine de vie et de sens, qui est la matière de l'homme et une partie de la forme, à laquelle si tu ajoutes "raisonnable", tu comprendras toute la forme en faculté de vie, sens et raison ; laquelle forme est aussi efficiente, à savoir conservant l'état de la chose formée. Et par conséquent, la parfaite définition n'est autre chose qu'un symbole universel des causes accomplissant l'essence et la nature. De telles définitions sont dans les disciplines : Grammaire est art de bien parler, Rhétorique de bien dire, Dialectique de bien disputer, Arithmétique de bien compter, Géométrie de bien mesurer. Antisthène disait, comme Aristote le cite au huitième (59) de la *Philosophie*, que la définition était impossible, et comme je le crois, à cause de l'obscurité et de l'ignorance de la forme.

DESCRIPTION

La description est la définition composée aussi des autres arguments, comme Aristote décrit, au cinquième des *Topiques* , l'homme, animal mortel, capable de discipline. Ici, avec quelque cause, est mêlée une propre circonstance. Or cette succincte brièveté n'est pas cause perpétuelle en cette espèce mais souvent et la chose et l'auditeur requièrent explication plus illustrée et magnifique, comme le sont presque les descriptions des poètes. Ainsi au quatrième de l'*Enéide*, la renommée est ainsi définie :

Soudainement la viste Renommée
Par les cités de Libye est semée,
La Renommée à l'aile vagabonde,
Le plus prompt mal qui soit en tout le monde
Et dont le cours au partir faible et lent,
Au cheminer se fait plus violent.
A sa naissance elle est craintive et basse.
Puis tout soudain reprend coeur et audace,
Marche sur terre, et fière devenue,
Cache son front en l'obscur de la nue.
La terre mère âprement courroucée
Contre les Dieux, après la mort de Cée
L'un de ses fils et d'Encélade aussi, (60)
Comme l'on dit, enfanta celle-ci
Qui court léger et vole encore mieux,
Monstre superbe, horrible et tout plein d'yeux,
Yeux qui jamais de veiller ne se fâchent,

Dessous autant de plumes qui les cachent,
Avec autant de bouches et de langues.
Cet importun babil ces harangues
Et dresse encor, ô étranges merveilles !
De tout côté pareil nombre d'oreilles,
Toute la nuit diversement il erre
Parmi le ciel et l'ombre de la terre,
Sifflant de l'aile, et son voler dispos
Ne sent jamais la douleur du repos.
Durant le jour sur les toits il se plante
Ou sur les tours ; adonc il épouvante
Les grandes cités et d'affirmer essaie
Autant le faux que la parole vraie.
(du Bellay)

Telles sont souvent les descriptions des plantes, arbres et animaux chez les philosophes, et celles des villes, fleuves, montagnes chez les historiens. Et comme la brièveté est louée en la parfaite définition, ainsi la magnificence est célébrée en la description moyennant toutefois qu'il n'y ait rien de superflu. Aristote au troisième de la *Philosophie* attribue la doctrine de bien définir à ses précepteurs Platon et Socrate quand il dit qu'à juste raison l'on donnerait à Socrate les définitions universelles.

(61) ARGUMENT INARTIFICIEL

Après que les arguments artificiels sont exposés, s'ensuit la déclaration des inartificiels. L'argument inartificiel est ce qui de soi et de sa force ne fait pas foi, comme les cinq manières que décrit Aristote au premier de la *Rhétorique*, loi, témoignage, pacte, question, serment, bien que tous les arguments soient appelés communément autorités et témoignages.

LOI

Cicéron discute par la loi écrite et non écrite en la *Défense de Milon*.

« Or si les douze tables ont voulu que le larron de nuit fût impunément occis s'il faisait résistance, et du semblable le larron de jour s'il se mettait en défense d'armes, qui est celui qui penserait être punissable si quelqu'un était occis en quelque manière que ce fût, quand il voit que le glaive nous est quelquefois présenté par les lois pour mettre l'homme à mort ? »

Et en ce lieu même peu après :

« Car il y a loi, ô juges, non par ordonnée mais en nous innée, laquelle ne nous est montrée, enseignée, récitée, mais de nature même empoignée, tirée, sucée, à laquelle nous ne sommes endoctrinés, mais dès notre enfance nés, non institués mais abreuvés, tellement que si nous étions tombés en quelques embû (62) ches en violence, dans les mains des brigands ou ennemis, tout expédient de sauver la vie fut réputée juste et honnête. »

TÉMOIGNAGE

Les témoignages sont divins ou humains. Les oracles et prophéties sont des exemples des témoignages divins. Les sentences des poètes et personnes insignes sont des témoignages humains. Ainsi les Athéniens ont usé d'Homère comme témoin en la cause de Salamine, et les Ténédiens de Périandre contre les Sygiens. Ainsi Platon et Aristote ont orné leur philosophie par les témoignages des poètes. Les proverbes sont aussi des témoignages.

PACTE

Un exemple de pacte est en Cicéron en la cinquième *Philippique.*

« J'oserai aussi obliger ma foi, Pères Conscrits, à vous et au peuple romain, ce que certainement je n'oserais faire vu que je ne suis contraint d'aucune force et craindrais en chose fort périlleuse être réputé téméraire, je promets, j'assure, je réponds, Pères Conscrits, que César sera toujours tel citoyen qu'il est ce jour d'hui, et tel que nous le devons très grandement et vouloir et désirer. »

La gageure est aussi quelque pacte, comme en la troisième *Eglogue* de Virgile :

Je te mettrai cette vache,
Et si veux bien que l'on sache
– Pour ne te décourager–-
Qu'elle est le jour deux fois traite,
Et que deux veaux elle allaite.
Mais toi, que veux-tu gager ?
(Pasquier)

QUESTION

La question est quand, par torture et force, quelque confession est extorquée. Tel était l'argument contre Milon duquel Cicéron se moque.

« Or ça donc ? qui ou quelle était cette question ? Holà, où est Ruscion ? Où est Casque ? Clode a-t-il guetté Milon ? Oui. Vous serez pendus. Il ne l'a point guetté : vous aurez la liberté désirée. »

Ainsi Térence en l'*Eunuque :*

« Fais épreuve en grammaire, fais en l'escrime, en musique, ce que l'adolescent noble doit savoir : je le certifierai savant. »

Ovide au troisième des *Tristes* :

Afin que je ne sois
Vu de parole vaine
Feindre ceci, je voudrais
Que tu sentis-ses ma peine.
(Ronsard)

SERMENT

Un exemple de serment est au sixième de l'*Enéide* en ce lieu : (64)

Par les hauts Dieux, par le ciel je te jure,
Et si encore séjourne quelque foi

En ces lieux bas, ma dame, je t'assure
Qu'outre mon gré, je m'absentai de toi.
(Pasquier)

L'argument inartificiel, quand l'exquise vérité est subtilement examinée, n'a pas grand force de preuve, et à cette cause Platon dit au *Protagore* que ceux qui usent de témoignage sont semblables aux convives idiots et simples qui par argent louent flûtistes et tambourineurs, par la voix et son desquels ils célèbrent leurs banquets, et au *Gorgie* dit n' y avoir ici aucune raison mais force et oppression, et au *Charmide* il enseigne qu'il faut considérer s'il est vraiment dit, non pas qui l'a dit. Et quant à ce qu'en cette discipline, nous citons tant soigneusement Platon et Aristote et autres philosophes anciens pour les préceptes, Cicéron, Virgile et autres poètes pour les exemples, nous ne faisons point tant cela pour argument et raison de science que pour rendre honneur et louange aux auteurs de chaque partie qu'ils ont ainsi entendus et pratiqués. Or donc cet argument semble être appelé inartificiel par les Anciens non pas qu'il n'ait son lieu et précepte en l'art d'invention mais d'autant qu'il n'a pas de soi et de sa nature, comme je l'ai dit, faculté de probation. Et ce qu'il peut, il ne le peut par soi, car non (65) pourtant la chose sera ou ne sera pas parce qu'elle fut affirmée ou niée, comme dit Aristote en l'*Interprétation*, mais cette foi est ajoutée à la renommée et réputation du déposant, car les moeurs sont de très grande persuasion si prudence, bonté et bienveillance sont conjointes, comme lui-même le dit au premier et deuxième de la *Rhétorique*. Sagesse, bonté, bienveillance sont souveraines en Dieu, aussi très grande foi est ajoutée au témoignage divin. Au dire des hommes plus ou moins, selon que les circonstances sont plus grandes ou plus petites. Cet argument était fort célébré en l'école de Pythagore où les disciples répondaient en guise de raison : *Il l'a dit*, or cet *Il* était Pythagore et ils répondaient ainsi par révérence et à cause de l'autorité du maître.

PÉRORAISON DE L'INVENTION

Jusqu'ici est éclaircie la première partie de la Dialectique de laquelle les parties singulières, bien qu'elles aient leurs propres définitions, ne sont pas toujours séparées, puisqu' une même chose peut être cause et effet, sujet et circonstance et tout le reste. Comme l'homme est fait de ses causes, et fait aussi d'autres choses. Il est sujet de plusieurs circonstances et est aussi circonstance de quelque sujet, comme de la terre. Il peut être opposé et compa (66) ré à plusieurs en toute manière. Il est tout de ses parties et partie de quelque tout, comme du monde. Il est genre de Platon et de Cicéron, espèce aussi d'animal. Voire un même argument sur une même question peut être pris en diverse sorte. Rulle oppresse le peuple. Il n'est donc pas populaire, c'est un effet de Rulle. C'est aussi un opposé de populaire, comme c'est en partie un conjugué. Néanmoins la définition et raison de chaque argument est distincte et dissemblable. Or par de tels lieux ainsi distincts nous avons tous les moyens d'inventer toutes choses, quoique Ménon veuille faire disparaître l'invention , disputant en cette façon contre Socrate :

« Mais, dit-il, ô Socrate, par quelle voie chercheras-tu ce que tu ignores totalement ? Quoi ? Comment chercheras-tu ? Quelle marque te proposeras-tu de la chose que tu connais ? Ou bien si tu tombes d'aventure sur celle-ci, comment connaîtras-tu que la chose ignorée est celle que tu cherches ? »

A quoi Socrate répond :

« J'entends ce que tu veux dire, ô Ménon. Mais, vois-tu, quelle raison et de combien trompeuse tu nous as mis en avant ? Certainement ta raison prétend qu'il ne convient pas à l'homme de chercher ni ce qu'il sait ni ce qu'il ne sait point, car jamais il ne cherchera ce qu'il sait parce qu'il l'a déjà trouvé, et partant, il n'est pas davantage nécessaire de le chercher. Et pareillement (67) il ne cherchera pas ce qu'il ignore car il ne pourrait pas connaître ce qu'il chercherait. »

Socrate découvre ainsi ce dilemme et s'efforce de le résoudre par je ne sais quelle philosophie pythagoricienne, disant, par témoignages des hommes divins que nos esprits sont immortels, lesquels auraient connu et aperçu entièrement toutes choses et en auraient apporté la connaissance en nos corps, quasi signée et scellée ; mais entrant soudainement en un domicile si étrange et si confus et perturbé, qu'ils tombaient dans l'oubli des choses passées, dont, après être revenus à soi, ils se ressouvenaient petit à petit. Et à partir de là, il jugeait qu'il ne serait en rien extraordinaire que l'esprit ait souvenance de toutes choses vu qu'il en avait eu auparavant la connaissance et la mémoire. Car puisque la nature de toutes choses s'entretient et s'entresuit, et que l'esprit l'aurait connue totalement il ne serait pas hors de propos qu'après s'être souvenu de quelqu'une de toutes ces choses, il ne puisse parvenir semblablement au souvenir de toutes les autres choses conjointes et connexes, moyennant qu'il fût diligent à chercher et qu'il ne se fâchât pas du labeur et de la fatigue de l'invention. Car une telle inquisition ne serait autre chose que souvenir et remémoration. Ainsi Socrate s'efforce de dissoudre le dilemme de Ménon.

Aristote (68) a répété cette question au deuxième du *Syllogisme* et au premier de la *Démonstration* et a tenté une autre voie de solution, disant que celui qui cherche sait généralement ce qu'il cherche mais qu'il ne le sait pas spécialement. Ainsi par la note du général il reconnaîtra le spécial bien qu'il en fût ignorant. Cette solution d'Aristote est vraie de quelque part car après avoir appris les règles générales des arts et doctrines, nous cherchons les choses spéciales et les connaissons par la connaissance générale auparavant aperçue. Mais quoi ? Si Ménon poursuivait cette réponse d'Aristote et lui proposait la première invention des hommes, quand rien , ni de général ni de spécial, n'était observé, cette réponse ne pourrait pas satisfaire. Donc, pour entière et pleine solution nous dirons plutôt, comme nous avons déjà allégué de Socrate, que l'esprit a puissance naturelle de connaître toutes choses quand il sera dirigé et disposé à les comprendre. Ce qu'Aristote a pareillement suivi au deuxième de la *Démonstration* quand il dit que l'esprit de l'homme n'a point apporté en nos corps, comme Socrate a quelquefois dit, la connaissance de toutes choses mais bien la faculté et puissance de les connaître, comme nos yeux n'apportent point avec eux du ventre de la mère les espèces des (69) couleurs, mais seulement la puissance de les voir.

Par conséquent, encore que l'homme fût ignorant de toutes choses, ce n'est pas pourtant à dire qu'il ne doive chercher et ne puisse inventer, vu qu'il a en soi naturellement la puissance de connaître toutes choses. Et quand il aura devant ses yeux l'art d'inventer par ces genres universels, comme quelque miroir lui représentant les images universelles et générales de toutes choses, il lui sera beaucoup plus facile par celui-ci de reconnaître les espèces singulières, et par conséquent d'inventer ce qu'il cherchera. Mais il faut par plusieurs exemples, par grand exercice, par long usage fourbir et polir ce miroir avant qu'il puisse reluire ni rendre ces images.

Et alors seulement ces lieux pourront être profitables, comme vraiment Cicéron l'enseigne au deuxième de l'*Orateur*, à celui qui est versé aux affaires ou en l'usage, lequel à la fin l'âge conduit, ou en audition et méditation, laquelle par étude et diligence avance l'âge. Car si tu me proposes homme aussi docte, aussi prompt et subtil à penser, aussi habile à prononcer soit-il, néanmoins si lui-même est étranger et nouveau en la coutume de la cité dans les exemples, dans les lois, dans les moeurs, dans les volontés des citoyens, ces lieux dont se tirent les arguments ne lui profiteront pas beaucoup. Il faut que tu me proposes (70) un esprit labouré, comme un champ, non pas d'une première façon cultivé mais renouvelé et tiercé, afin qu'il porte de meilleurs fruits et de plus grands. Or ce labour est usage, audition, leçon, lettres et disciplines.

A cette cause comme généralement toute doctrine, mais principalement la Logique en cette partie, ne donne point ses biens à crédit aux paresseux, mais les donne en partage seulement aux diligents et laborieux, et même par juste portion ; tant gagné, tant payé.

FIN DE L'INVENTION

(71) SECOND LIVRE

DE LA DIALECTIQUE DE PIERRE DE LA RAMÉE

à Charles Cardinal de Lorraine
son Mécène,

Le jugement est la deuxième partie de la Logique, qui montre les voies et les moyens de bien juger par certaines règles de disposition lesquelles, pour cette cause, sont comprises par Aristote aux *Analytiques* sous les noms de composition et résolution. [voir Appendice p.85]

La disposition de Logique a trois espèces : Enonciation, Syllogisme, Méthode.

ÉNONCIATION

L'énonciation est la disposition par laquelle quelque chose est énoncée de quelque chose, comme :

(72) Le feu brûle
Le feu est chaud
Le feu n'est pas eau.

Ici est la première disposition des choses inventées, en laquelle sont deux parties, l'une antécédente et l'autre conséquente, comme ici :

Le feu brûle

Le feu est la partie antécédente, brûle est la partie conséquente. Et de ces deux parts, l'une est de l'autre cause ou effet, sujet ou adjoint, ou des autres arguments, chacun avec celui qui lui est en affinité , comme, au premier exemple tu vois la cause et son effet, au deuxième le sujet et son adjoint, au troisième l'opposé avec son opposé.

Climaque a écrit en premier sur cette disposition. L'énonciation est affirmative si le lien est affirmé, et au contraire elle est négative si celui-ci est nié, comme on le verra par les espèces. Ménédème, auditeur de Platon, ôtait de la Logique les négations, mais sans cause.

ÉNONCIATION SIMPLE

L'énonciation est simple ou composée. Simple, qui contient une sentence simple. De laquelle Aristote a parlé en l'*Interprétation* et au premier du *Syllogisme,* où les parties de celle-ci sont appelées termes. L'antécédent est dit sujet, et le conséquent attribut. Ici, parce que la senten (73) ce est comprise en un seul verbe, le lien de l'énonciation sera toujours le verbe, et de lui affirmée sera l'affirmation, comme aussi de lui niée sera la négation.

L'énonciation simple est commune ou propre. Commune, de laquelle les parties sont communes à plusieurs ; et générale ou spéciale. Générale quand elle est énoncée généralement, comme :

Toute vertu est aimable
Nulle vertu n'est aimable.

Spéciale, quand elle est énoncée spécialement, comme :

Quelque vertu est aimable
Quelque vertu n'est aimable.

L'énonciation propre est propre à un, comme :

Platon est philosophe.
Platon n'est pas philosophe.

Si l'énonciation simple nous est certaine et crédible, elle est jugée pour vraie, par jugement de science si elle est nécessaire, ou d'opinion si elle est contingente. Le jugement de la simple énonciation est fort naturel et même commun de quelque part aux bêtes comme des choses sensibles en l'énonciation propre. Car, comme dit Aristote au deuxième de la *Démonstration*, tout animal a en soi une puissance naturelle de juger qu'on appelle sens, lequel est pareillement nommé, au deuxième des (74) *Topiques*, espèce de jugement. Et certainement le sens est vrai juge des choses proprement sujettes à sa juridiction, comme l'oeil de la couleur, l'ouïe du son, l'odorat de l'odeur, ce qui est témoigné au quatrième de la *Philosophie*. En outre, ce jugement, à la vérité, est beaucoup plus excellent chez les autres animaux qu'en nous car, bien que l'homme les surmonte par l'attouchement, néanmoins, l'aigle voit plus vivement, le vautour flaire plus subtilement, la taupe ouït plus clairement, comme Pline le raconte au deuxième de l'*Histoire Naturelle*. Ainsi le jugement de l'énonciation simple n'est point propre de toute part à l'homme, mais bien l'entendement de l'énonciation universelle, bien qu'il semble toutefois que les bêtes aient quelque petite parcelle de raison, comme au deuxième de la *Physique*, Aristote le dit de l'araignée et de la fourmi, et Galien en *L'Exhortation aux arts libéraux*. Mais certes ce jugement n'est autre chose aux bêtes que l'imagination des notions sensibles et la bête ne conçoit point l'universel. Et bien qu'Epicure, en abêtissant l'homme, ait voulu attribuer le souverain jugement de toutes choses aux sens et le déroger à l'entendement, néanmoins contre la Logique de ce sensuel philosophe, nous connaîtrons dans les espèces conséquentes ce que l'entendement (75) peut sans le sens. Et d'autant plus qu'il connaît l'universel, d'autant est-il plus excellent et honorable que le sens, et comprend-il plus la cause et principe, et est-il plus scientifique, comme il peut être entendu par Aristote au premier de la *Démonstration*.

ÉNONCIATION COMPOSÉE

L'énonciation composée a plusieurs sentences conjointes de laquelle le lien n'est plus le verbe mais la conjonction. Et donc, d'elle affirmée, se prend l'affirmation ; d'elle niée, la négation. Ménédème condamnait l'énonciation composée, mais sans raison. De celle-ci les espèces ont été traitées par Théophraste et Eudème, disciples d'Aristote, et par les Stoïciens. Lesquelles sont quatre : copulative, relative, conditionnelle, disjonctive.

ÉNONCIATION COPULATIVE

L'énonciation copulative est une énonciation composée dont le lien est la conjonction *et*. Comme :

L'homme est sage et vertueux.

La négation sera donc :

L'homme n'est point sage et vertueux

qui n'est pas négation des parties conjointes mais de la conjonction, comme si l'on disait : l'homme n'est pas ensemble sage et ver(76)tueux. Et à partir de là , le vrai jugement de la copulative totale est tel qu'il est des parties. Et est science si elles sont nécessaires ; opinion, si elles sont contingentes.

ÉNONCIATION RELATIVE

L'énonciation relative est une énonciation composée dont le lien est la relation, comme :

L'homme est tant riche qu'il veut.

En cet exemple, la relation est de qualité. Elle peut être aussi d'essence, comme en ces notes : *Celui... qui.* Aussi de quantité : *Tant... que.* Semblablement de lieu : *Où... là.* Davantage de temps : *Alors... que.* La négation de cette énonciation est aussi prise de son lien :

L'homme n'est point tant riche qu'il veut.

Par cette même cause, le vrai jugement de la relative demande à la relation d'être vraie. Et si elle est nécessaire, elle sera science ; si elle est contingente, elle sera opinion.

ÉNONCIATION CONDITIONNELLE

L'énonciation conditionnelle est une énonciation composée dont le lien est la conjonction *si* comme :

Si l'homme est savant, il est juste.

Ici semblablement pour nier l'énonciation il faut nier le lien. (77)

Si l'homme est savant, il n'est pas pourtant juste.

L'affirmation signifie que si l'antécédent est, aussi sera le conséquent. La négation donc signifie que si l'antécédent est, le conséquent n'est pourtant pas, et bref, que cette condition et suite n'est point nécessaire. A cette cause, quand tu jugeras la conditionnelle être absolument vraie, tu la jugeras aussi être nécessaire et entendras cette nécessité sortir de la nécessaire condition des parties, et non pas de la nécessaire vérité de celles-ci, car elles peuvent être toutes ensemble fausses et la totale condition nécessaire, comme :

Si l'homme est immortel, l'homme ne meurt jamais.

La partie antécédente *l'homme est immortel* est fausse, la partie conséquente *l'homme ne meurt jamais* est aussi fausse. Et néanmoins la condition de ces parties fausses est non seulement vraie mais aussi nécessaire. Mais si la condition est contingente et pour sa probabilité seulement supposée, le jugement de celle-ci ne sera qu'opinion, ce qui ne dépend aucunement de la connaissance du sens et le sensuel jugement d'Epicure serait donc ici fort étonné.

ÉNONCIATION DISJONCTIVE

L'énonciation disjonctive est une énonciation composée dont le lien est la conjonction *ou*, comme : (78)

Il est jour ou nuit.

La négation donc sera :

Il n'est pas jour ou nuit.

Ce qui veut dire qu'il ne faut pas que l'un ou l'autre soit vrai car si la disjonctive est vraie absolument, elle est aussi nécessaire, et les parties disjointes sont opposées sans entre-deux. Autrement, dit Aristote au troisième de la *Philosophie*, ce serait chose ridicule, comme si l'on disait :

Est-il homme ou blanc ?

Toutefois, bien que la vraie disjonctive soit nécessaire, néanmoins il ne faut point pourtant que les parties séparément soient nécessaires, comme :

L'homme est vertueux, ou l'homme n'est point vertueux.

C'est une disjonction nécessaire et néanmoins :

L'homme est vertueux

ce n'est point une énonciation nécessaire ;

L'homme n'est point vertueux

ce n'est point non plus une énonciation nécessaire et la nécessité de la disjonctive dépend de la nécessaire opposition des parties, non pas de la nécessaire vérité de celles-ci. Laquelle chose, pour avoir été mal entendue, a déçu non seulement Epicure qui a été lourdaud et grossier en cette doctrine mais ceux qui pensaient être (79) de braves dialecticiens, comme Diodore et Chrysippe, d'autant qu'ils estimaient que si la disjonction était nécessaire, l'une ou l'autre des parties fût non seulement vraie mais aussi nécessaire. Erreur dans laquelle est tombé Cicéron après eux en son *Livre du Destin*. Finalement, la disjonction absolument vraie est faite des parties opposées sans entre-deux, et la disjonction n'est autre chose que telle opposition, soit de parties adverses, privantes ou contredisantes.

DISJONCTION SIMPLE

Les parties de la disjonction sont des énonciations simples ou composées à partir desquelles elle sera nommée disjonction simple ou composée. Simple donc, quand les parties sont simples et elle sera triple : générale, spéciale, propre. Ce qu'Aristote a attribué aux contredisants seulement, bien qu'ils soient communs à tous les opposés sans entre-deux attribués aux choses auxquelles l'un ou l'autre peut être attribué.

DISJONCTION GÉNÉRALE

La disjonction est générale quand les parties sont des énonciations générales et la disjonction n'est pas ici absolument vraie si l'une des parties n'est pas nécessaire, comme :

Tout lion est bête, ou tout lion est homme.

Autrement, les parties peuvent être fausses (80) ensemble, comme dans les choses contingentes,

Tout homme est juste, ou nul homme n'est juste.

Et même dans les choses non contingentes, comme :

Tout animal est raisonnable, ou nul animal n'est raisonnable.

Cette espèce de disjonction ou opposition est nommée par Aristote contrariété d'énonciation.

DISJONCTION SPÉCIALE

La disjonction est spéciale quand l'une des parties est générale et l'autre est spéciale, et est dans les opposés sans entre-deux absolument vrai, comme :

Tout homme est sain, ou quelque homme est malade.
Tout homme voit clair, ou quelque homme est aveugle.
Tout homme est sage, ou quelque homme n'est point sage.

DISJONCTION PROPRE

La disjonction est propre quand les parties sont des énonciations propres, comme :

Platon est philosophe, ou Platon n'est point philosophe.

Ces deux dernières espèces de disjonction ou d'opposition sont appelées par Aristote contradictions, lesquelles toutefois se peuvent (81) faire de tous opposés sans entre-deux et non seulement des contredisants.

DISJONCTION COMPOSÉE

La disjonction est composée quand les parties sont des énonciations composées et elle ne se fait que par affirmation et négation, c'est-à-dire par contradiction.

DISJONCTION DE PARTIES COPULATIVES :

L'homme est sage et vertueux, ou l'homme n'est point sage et vertueux.

DISJONCTION DE PARTIES RELATIVES :

L'homme est tel qu'il veut, ou l'homme n'est pas tel qu'il veut.

DISJONCTION DE PARTIES CONDITIONNELLES :

Si l'homme est sage il est vertueux, ou bien que l'homme soit sage, il n'est pas pourtant vertueux.

DISJONCTION DE PARTIES DISJONCTIVES :

Il est jour ou nuit, ou il n'est pas jour ou nuit.

Nous voyons en ces exemples que les parties sont opposées sans entre-deux, autrement la disjonction ne sera pas absolument vraie si ce n'est d'aventure par supposition, comme dit au lieu même Aristote. Ainsi, si nous supposions que Socrate seul dut venir, ou Cléon seul, et non tous (82) deux ensemble. Alors on pourrait demander

Cléon est-il venu ou Socrate ?

Or donc toute disjonction absolument vraie est aussi nécessaire, et l'une des parties est vraie et l'autre fausse. Bien que cette vérité ne nous soit pas toujours bien certaine, comme pour les choses contingentes, et principalement si elles sont futures. Et donc, Pittaque, l'un des sept sages, répondit à ceux qui demandaient quelle chose était obscure, que c'était l'événement des choses futures. Et Martial, pour une raison semblable, au premier livre, se moque :

Tu demandes souvent quel homme je serais
Si je devenais riche. Et penses-tu qu'aucun
Puisse dire les mœurs futures à chacun ?
Si tu étais lion, dis moi quel tu serais ?
(Belleau)

Ainsi donc la vérité des choses futures ne nous est point certaine et ne le pourrait guère être par nature, bien qu'elle soit toutefois connue et certaine à Dieu auquel toutes choses et prétérites et futures sont présentes. Et toutefois ce n'est pas pour autant que Dieu ait prévu la chose future qu'elle adviendra, mais parce qu'elle adviendra, il l'a prévue. Comme je te vois courir parce que tu cours, mais tu ne cours point parce que je te vois. Or la notion divine est comme quelque vue de tous les temps. Mais le jugement de la disjonction absolument vraie sera science, de la (83) supposée et contingente, il sera seulement opinion. Et déjà disons hardiment que la sensible Logique d'Epicure n'est pas partout vraie et que tous les sens de ce philosophe seraient ici fort assoupis, mais, qui plus est, l'entendement de maints excellents philosophes : car cette énonciation comprend en soi la division du vrai et du faux et le principe de la contradiction, oui ou non, lequel a été agité par grande querelle. Héraclite disait que les deux parties sont vraies, Anaxagore maintenait qu'elles sont fausses, Protagore affirmait que l'homme est la mesure de toutes choses, et que par conséquent, tout est vrai ou faux par l'opinion de l'homme, rien par la nature des choses. Ces folles opinions sont réfutées par Aristote au troisième et quatrième de la

Philosophie où il conclut que le principe de la disjonction des contredisants vraiment composée est, de tous les principes, grand et souverain.

PÉRORAISON DU PREMIER JUGEMENT

Après cela nous avons les parties, espèces, propriétés de l'énonciation, et en même temps le jugement de celle-ci si elle nous est claire et manifeste, ou par soi ou par quelque raison antécédente. Par soi, dis-je, quand elle est immédiate, c'est-à-dire n'ayant d'autre principal moyen de sa vérité mais étant de sa nature évidente et con (84) nue, soit elle scientifique ou d'opinion. L'énonciation scientifique immédiate est nommée, par Aristote au premier de la *Démonstration* , principe, comme celle qui est la première lumière de sa science, et là même elle est marquée de ces trois marques : *du tout, par soi, universel premièrement.* L'énonciation est *du tout* quand elle est affirmée généralement et nécessairement ; *par soi* quand elle est composée de parties entre soi essentielles ; *universel premièrement* quand ces mêmes parties sont réciproques. Comme :

L'homme est composé de corps et d'âme raisonnable.

L'animal est homme ou bête.

L'homme est naturellement enclin à rire.

Ces énonciations sont généralement nécessaires ; elles sont aussi de parties essentielles. La première est faite de la chose entière avec ses parties qui lui sont essentielles. La deuxième est du genre en ses espèces auxquelles il est essentiel. La troisième est du sujet avec son propre adjoint qui sont aussi parfois essentiels entre eux, et le propre adjoint est en son sujet par soi et non par aucune autre cause. Ces mêmes exemples sont aussi de parties réciproques entre soi et tellement propres que si l'une convient, l'autre convient aussi. Et bref, toute énonciation marquée de ces trois mar (85) ques *du tout, par soi, universel premièrement,* est un vrai principe d'art et de science, et première cause de sa vérité, comme nous dirons plus amplement au neuvième des *Animadversions.* Le jugement du principe est nommé par Aristote, au premier de la *Démonstration,* Intelligence, comme première et souveraine science. Toutefois, comme les couleurs par soi visibles, ainsi les principes par soi intelligibles sont plus clairs les uns que les autres, ce qui a été cause pour Aristote de faire deux espèces de principes : Axiome et Thèse. L'axiome est un principe représentant son intelligence aussitôt qu'il est énoncé, comme :

Le tout est plus que sa partie.

Deux fois deux font quatre.

et toutes ces intelligences qui sont bien claires à notre première et naturelle raison sans aucune observation ni expérience d'aucun sens , voire sans aucune doctrine antécédente, comme seraient à l'oeil quelques illustres et hautes couleurs mises en vue bien claire. Et par conséquent, ce principe est nommé par Aristote axiome, c'est-à-dire dignité, comme étant de tous les degrés de principe le plus digne et excellent. La thèse est un principe qui n'est pas aussitôt aperçu mais qui requiert le sens et l'expérience de quelque exemple familier, comme quelque bonne couleur (86) mais n'étant pas en jour assez clair. D'une telle sorte est la plus grande partie des arts et disciplines qui ont été connus par expérience et observation des choses sensibles et singulières, comme l'écrit Platon dans le *Gorgie* et le répète Aristote qui le cite nommément au premier de la *Philosophie* et au premier du *Syllogisme*, comme aussi plus amplement au deuxième de la *Démonstration* il enseigne que l'esprit, bien qu'il n'apporte pas avec soi en nos corps la connaissance des choses, a néanmoins la puissance naturelle de les connaître, comme nous l'avons dit précédemment. Ainsi donc si quelque obscurité se trouve dans les principes, alors ils sont appelés thèses par Aristote et pour leur éclaircissement, nous avons recours aux exemples par lesquels ils ont été aperçus, et, c'est pourquoi, en tout l'art de la Dialectique et toutes ses règles que nous suivons, nous n'avons tenu ni ne tiendrons d'autre voie de déclaration que celle d'exemples les plus insignes et familiers que nous avons pu choisir par une longue étude et recherché dans l'usage naturel et la vraie pratique de la raison. Mais telles sont les énonciations nécessairement vraies, et vraies sans moyen <terme> , qui est la matière de l'art que nous avons allégué en notre préface. Par conséquent, ces énonciations scientifiques sans moyen <terme> relèvent de ce premier jugement, comme aussi les énoncia (87) tions contingentes qui sont semblablement nommées immédiates au même livre, quand il est dit que le jugement de l'énonciation immédiate et non nécessaire est opinion. Et non seulement sont ici jugées les énonciations n'ayant pas d'autre cause ou moyen mais généralement, comme il est dit, toutes les énonciations déjà connues, et au sujet desquelles nous n'avons aucun doute.

Or si l'énonciation, soit nécessaire, soit contingente, n'est point manifeste mais douteuse et incertaine, comme le sont les infinis débats et procès entre les hommes, elle est convertie en question et alors l'antécédent est appelé par Aristote au premier du *Syllogisme*, terme mineur, le conséquent, terme majeur ; et le jugement de celle-ci appartient au syllogisme duquel il nous faut donc parler.

SYLLOGISME ET SES PARTIES

Le syllogisme est la disposition par laquelle la question disposée avec l'argument est nécessairement conclue, ce qu'Aristote a compris au premier du *Syllogisme* et, pour la preuve de celle-ci, il est besoin de quelque moyen et tiers, lequel disposé pour le moins avec le conséquent ou terme majeur de l'énonciation douteuse fait la pre (88) mière partie du syllogisme qui est pour cela nommée par Aristote au premier du *Syllogisme*, proposition majeure, et par les Péripatéticiens et Stoïciens, comme aussi elle est dite assomption, par Cicéron et Quintilien. Par ces deux parties, la question est conclue et jugée qui est alors nommée par Aristote, conclusion, par les Péripatéticiens et Stoïciens, illation, par Cicéron et Quintilien, complexion. A cause de cette dernière partie, le syllogisme est nommé par les Grecs, complexion, et quelquefois par Aristote aussi la complexion est nommée syllogisme, comme au deuxième du *Syllogisme*.

Ainsi donc sont faites trois parties du syllogisme, proposition, assomption, conclusion, comme en Cicéron au quatrième des *Fins* :

Toute chose louable est honnête.
Toute chose juste est louable.
Donc, toute chose juste est honnête.

Ici la question était :

Toute chose juste est-elle honnête ?

Puis l'argument *louable* disposé premièrement avec *honnête*, conséquente partie de la question, a fait la proposition :

Toute chose louable est honnête.

Et après avec *juste*, la partie antécédente de cette question a fait l'assomption : (89)

Toute chose juste est louable.

Au nom de quoi la question est conclue nécessairement,

Donc, toute chose juste est honnête.

Aristote prend souvent logisme pour syllogisme, comme au premier du *Syllogisme*, deuxième de la *Démonstration*, sixième des *Topiques*, deuxième de la *Physique*, premier et septième de la *Philosophie*. Et tous ces deux mots signifient proprement compte et dénombrement. Et en ce sens, l'arithmétique est nommée Logistique. Et il semble que ces vocables soient traduits de mathématique en dialectique car comme le bon compteur, en ajoutant et déduisant, voit certainement en la clôture du compte le reliquat, ainsi les dialecticiens en ajoutant la proposition et en déduisant l'assomption, voient en la conclusion la vérité ou fausseté de la question. Mais cette fabrique de nécessaire disposition sera plus entièrement entendue par toutes les espèces.

SYLLOGISME SIMPLE

Le syllogisme est simple ou composé. Simple dont les proposition et assomption ont une simple disposition de l'argument avec l'une des parties de la question, comme en l'exemple, *louable* est disposé en la proposition avec la seule partie conséquente de la question ; en l'assomption avec l'antécédent. Le syllo(90)gisme simple est proposé par Aristote au premier du *Syllogisme*.

Les espèces du syllogisme sont trois : la première espèce est celle en laquelle l'argument est antécédent de la proposition, conséquent de l'assomption. Et il a six manières.

PREMIÈRE MANIÈRE

La première manière est partout affirmée et générale, comme le syllogisme ci-devant allégué :

Toute chose louable est honnête.
Toute chose juste est louable.
Donc, toute chose juste est honnête.

DEUXIEME MANIÈRE

La deuxième manière est affirmée en la seule assomption et partout générale. Comme :

Nul timide n'est libre.
Tout avare est timide.
Donc, nul avare n'est libre.

Ceci est conclu et jugé par Horace, au premier des *Epîtres* :

En telle liberté qu'un esclave attaché,
Vit l'avaricieux, et qu'un gueux de la tourbe,
Quand lui pour amasser quelque liard fiché
Dedans un carrefour vilainement se courbe :
Car qui désire, craint ; et celui là qui craint
N'est pas libre, et jamais la liberté n'atteint.
(Ronsard)

TROISIEME MANIÈRE

La troisième manière est affirmée partout, et générale de la seule proposition ; et est dé (91)duite de la première. Comme :

Toute chose louable est honnête.
Quelque chose juste est louable.
Donc, quelque chose juste est honnête.

Et rien n'importe si, pour l'assomption spéciale, une <proposition> propre est mise. Comme :

Les Consuls créés par vertu doivent grandement pourvoir au fait de la République.

Cicéron est Consul créé par vertu.
Cicéron doit donc pourvoir au fait de la République.

Cicéron juge ainsi et conclut sa diligence en la deuxième *Agraire* mais il illustre les parties par des comparaisons :

« Car, dit-il, puisque de tous les Consuls la sollicitude et diligence envers la République doit être grande, principalement elle doit être très grande de ceux qui sont créés Consuls non pas au berceau mais en pleine assemblée. Aucun de mes ancêtres n'a répondu pour moi au peuple romain. Ce crédit s'est fait à moi. Vous devez répéter de moi ce que je dois, vous me devez moi-même sommer. Et tout ainsi que je demandais le Consulat, aucun des auteurs de ma race ne m'a recommandé, aussi si je forfais et délinque en quelque chose, il n'y a aucuns monuments ou armoiries qui vous demandent pardon pour moi. Donc, moyennant que la vie reste sauve, bien (92) que je sois celui qui la peux défendre contre la méchanceté et surprise de ceux ici, assurez-vous, Quirites, que vous avez commis à bonne foi la République à homme vaillant, non peureux, travailleur, non paresseux. »

QUATRIÈME MANIÈRE

La quatrième manière est de l'assomption seule affirmée, et générale de la seule proposition. Et elle est déduite de la deuxième manière. Comme :

Nul timide n'est libre.
Quelque avare est timide.
Donc, quelque avare n'est<pas> libre.

Ici peut être aussi une assomption propre pour la spéciale. Comme :

Nul trompeur de pucelle amante n'est louable.
Démophoon est trompeur de pucelle amante, comme Phyllis.
Démophoon donc n'est <pas> louable.

Phyllis juge en Ovide par ce syllogisme que Démophoon n'est pas louable :

A décevoir une jeune pucelle
Légère à croire il n'y a grand honneur.
Mais ma simplesse, hélas ! était bien telle
Qu'elle méritait d'avoir quelque faveur.
Je, pauvre amante et femme, fus déçue
Par ton parler. Les Dieux, cette victoire
Que contre moi par tel point tu as eue,
Fassent que soit le comble de ta gloire.
(de Brués) (93)

CINQUIÈME MANIÈRE

La cinquième manière est partout affirmée et propre. Comme :

Octave est héritier de César.
Je suis Octave.
Je suis donc héritier de César.

SIXIÈME MANIÈRE

La sixième manière est affirmée de la seule assomption et propre partout. Comme :

Antoine n'est point fils de César.
Tu es Antoine.
Tu n'es donc point fils de César.

Aristote use aussi de ces syllogismes propres, sans penser toutefois que ce sont des syllogismes et il les appelle *expositions*. Cette première espèce est la première en évidence de jugement, et toute sorte de question générale, spéciale, propre, affirmée, niée est conclue et jugée en elle.

DEUXIÈME ESPÈCE

La deuxième espèce est en laquelle l'argument est conséquent en la proposition et assomption. Et elle a aussi six manières.

PREMIÈRE MANIÈRE

La première manière est générale partout et affirmée de la seule assomption. Comme :

Nul troublé n'use bien de raison.
Tout sage use bien de raison.
Nul sage donc n'est troublé. (94)

Ce jugement est ainsi fait par Cicéron en la troisième *Tusculane*, mais la proposition est illustrée de comparaison.

« Et comme l'œil troublé n'est point bien disposé à faire son office, et les autres parties, voire tout le corps troublé et démis de son état et ordre, défaut à son office, ainsi l'esprit troublé n'est point bien disposé à faire son devoir. Or le devoir de l'esprit est d'user de raison, et l'esprit du sage est toujours tellement disposé qu'il use très bien de raison. Donc, il n'est jamais troublé. »

DEUXIÈME MANIÈRE

La deuxième manière est générale partout et affirmée de la seule proposition. Comme :

Toute chose mortelle est composée et divisible.
Nulle âme n'est composée ni divisible.
Nulle âme donc n'est mortelle.

Cicéron en la cinquième *Tusculane* juge par ce syllogisme que l'âme est immortelle. L'assomption est première, la conclusion deuxième, la proposition dernière.

« Or, dit donc Cicéron, nous ne pouvons douter en la connaissance de l'âme si d'aventure nous ne sommes tout à fait lourdauds dans les choses naturelles, que rien ne soit en l'âme mêlé, rien conjoint, rien accouplé, rien composé, rien doublé. Et puisqu' il en est ainsi, certes elle ne se peut ni séparer ni diviser, ni dépecer ni tirer en diverses parties, ni donc, (95) trépasser. Car le trépas est comme un départ, séparation et disjonction des parties qui avant le trépas étaient entretenues par quelque conjonction. »

TROISIÈME MANIÈRE

La troisième manière est affirmée de la seule assomption et générale de la seule proposition. Comme :

Nul envieux n'est magnanime.
Maxime est magnanime.
Maxime donc n'est point envieux.

Par ce jugement, Ovide conclut au troisième des *Tristes*, et illustre les parties par comparaisons.

Rancoeur, un vice et tache morne et lente,
Jamais n'élève à la vertu ses pas,
Mais se cachant ainsi qu'une serpente,
A fleur de champ rampe toujours à bas.
Un coeur gentil plus noble que ta race
Se montre en toi, et ne portes un nom

Tant soit-il grand, qui de grandeur efface
De ton esprit le plus divin renom.
Les autres donc nuisent au misérable
Par un orgueil désirant être craint,
Portent le trait à la pointe exécrable
Trempé de fiel : sanglantes soient leurs mains !
Or ta maison est de soi coutumière
A supporter les suppliants amis (96)
Desquels hélas ! à ma juste prière
Je te supplie qu'au rôle je sois mis.
(Belleau)

QUATRIÈME MANIÈRE

La quatrième manière est affirmée et générale de la seule proposition. Par cette manière de jugement, Ovide conclut au premier des *Tristes* triplement en exposant l'excuse de ses vers.

D'esprit tranquille proviennent les doux vers
Et mes jours sont tous obscurcis d'orage.
Les vers demandent antres et lieux déserts,
Des vents, des flots je suis toujours la rage.
Les vers sans peur doivent être, et je crains
Qu'à tous les coups une dague on me pose
Dedans la gorge. Aussi juges humains
S'ébahiront de ceux que je compose.
Mais, si leur plaît, passe-droit leur feront
Et tels qu'ils sont, sans égard les liront.
(Belleau)

CINQUIÈME MANIÈRE

La cinquième manière est affirmée de la seule assomption et propre partout. Comme :

Agésilas n'est pas peint par Apelle.
Alexandre est peint par Apelle.
Alexandre donc n'est pas Agésilas.

SIXIÈME MANIÈRE

La sixième manière est affirmée de la seule proposition et propre partout. Comme : (97)

César a oppressé la République
Pompée n'a point oppressé la République.
Pompée donc n'est point César.

Cette espèce n'est pas tant fréquente que la première et conclut seulement la question niée.

TROISIÈME ESPÈCE

La troisième espèce est en laquelle l'argument est antécédent en la proposition et assomption. Et elle surmonte les deux premières espèces de deux manières mais jamais ne conclut généralement.

PREMIÈRE MANIÈRE

La première manière est affirmée, et générale de proposition et assomption. Comme :

Toute magnanimité est louable.
Toute magnanimité est confiance.
Quelque confiance donc est louable.

DEUXIÈME MANIÈRE

La deuxième manière est affirmée de la seule assomption, et générale de la proposition et assomption. Comme :

Nulle timidité n'est louable.
Toute timidité est défiance.
Quelque défiance donc n'est < pas> louable.

TROISIÈME MANIÈRE

La troisième manière est partout affirmée, mais générale de la seule assomption. Comme : (98)

Quelque magnanimité est louable.
Toute magnanimité est confiance.
Donc, quelque confiance est louable.

QUATRIÈME MANIÈRE

La quatrième manière est partout affirmée, mais générale de la seule proposition. Comme :

Toute magnanimité est louable.
Quelque magnanimité est confiance.
Donc, quelque confiance est louable.

CINQUIÈME MANIÈRE

La cinquième manière est affirmée et générale de la seule assomption. Comme :

Quelque timidité n'est <pas> louable.
Toute timidité est défiance.
Quelque défiance donc n'est<pas> louable.

SIXIÈME MANIÈRE

La sixième manière est affirmée et générale de la seule proposition. Comme :

> Nulle timidité n'est louable.
> Quelque timidité est défiance.
> Quelque défiance donc n'est point louable.

SEPTIÈME MANIÈRE

La septième manière est affirmée et propre de proposition et assomption. Comme :

> La magnanimité de Thémistocle est louable.
> La magnanimité de Thémistocle est confiance.
> Quelque confiance donc est louable.

(99) HUITIÈME MANIÈRE

La huitième manière est affirmée de la seule assomption, et propre de la proposition et assomption. Comme :

> La timidité de Xerxe n'est point louable.
> La timidité de Xerxe est défiance.
> Quelque défiance donc n'est point louable.

Une même question se peut conclure en cette espèce par trois manières, voire par quatre si l'argument est changé, comme il apparaît en ces exemples ; et des trois espèces cette dernière est la plus rare. Laurent Valle, au troisième de sa *Dialectique*, l'a rejetée, bien qu'il n'en ait trouvé aucun exemple. Mais néanmoins il semble que la sentence et la pratique de ce jugement soit fort fréquente. Et que tous les exemples qui sont allégués à quelque propos spécial soient de ce jugement, comme si tu dis :

> Quelque animal est raisonnable, comme tout homme.
> Quelque animal n'est point raisonnable, comme toute bête.

Ici il semble que de tels exemples soient pris sous les deux parties de la question, et que nous entendions que tout homme soit raisonnable et animal, donc qu'il soit conclu en cette troisième espèce que quelque animal soit raisonnable. Semblablement, que nulle bête soit raisonnable, et toute bête soit animal, donc qu'il soit aussi conclu en cette même (100) espèce que quelque animal ne soit raisonnable. Et généralement dans tous les exemples ainsi appliqués. Et parce que aussi quelquefois la proposition ou assomption peut être spéciale, ou toutes deux propres, la description de l'art sera ici profitable pour conclure entièrement et distinctement de tels syllogismes ainsi brièvement proposés. Et vraiment, bien qu'Aristote n'ait pas donné l'art du syllogisme de proposition et assomption propre, néanmoins comme il est dit, il en a usé sous le nom d'exposition, principalement en la troisième espèce. Ainsi donc cette espèce, bien qu'elle fût la plus rare des trois et qu'il ne s'en trouvât d'exemple tant distinctement dressé à la règle de l'art, comme Laurent Valle l'a désiré, néanmoins la sentence et intelligence d'un tel jugement serait fort usitée et fréquente, car l'exemple ainsi appliqué contiendrait la sentence de la proposition et de l'assomption.

SYLLOGISME COMPOSÉ

Le syllogisme composé est duquel la proposition a l'argument disposé avec l'une et l'autre des parties de la question. Aristote n'a pas connu l'art de ce syllogisme mais, qui plus est, a démontré, au premier du *Syllogisme*, qu'il n'était pas possible de conclure par un autre syllogisme que par le simple déjà proposé. Cette partie a été in (101) ventée et observée depuis par Théophraste et Eudème, disciples de celui-ci, et par les Stoïciens bien qu'Aristote en donne toutefois les règles et les définitions mais en ne sachant ni ne pensant donner les règles du syllogisme.

Le syllogisme composé est conditionnel ou disjonctif.

SYLLOGISME CONDITIONNEL

Le syllogisme conditionnel est duquel la proposition est conditionnelle affirmée. Les manières sont quatre : les deux premières sont définies par Aristote au deuxième des *Topiques* sous le nom d'argument antécédent et conséquent, comme elles sont aussi appelées par les Stoïciens.

PREMIÈRE MANIÈRE CONDITIONNELLE

La première manière conditionnelle reprend l'antécédent et conclut le conséquent, comme Cicéron juge et conclut au deuxième de la *Divination*.

Si les Dieux sont, la divination est.
Or les dieux sont.
Donc, la divination est.

Ainsi juge Didon au quatrième de l'*Enéide* qu'Enée doit demeurer avec elle.

Me fuis-tu donc ? par ces pleurs et ta dextre
(Puisqu'autre chose en toi plus ne peut être)
Par notre Hymen, si quelque doux plaisir
Contenta oncques ton amoureux désir, (102)
Regarde, hélas ! cette pauvre maison.
Et si vers toi encore est de saison
Quelque prier, je te prie et supplie,
Que ton esprit cette pensée oublie :
Pour toi je suis aux Lybiques provinces
Faite haineuse, et aux Nomades Princes.
Pour toi aussi le Tyrien m'honore
Moins que devant. Et pour toi même encore
Est aboli cet honneur et ce nom
Qui égalait aux astres mon renom.
Hélas ! à qui pour me donner confort

Me laisses- tu si proche de la mort,
O l'hôte mien, puisque ta vaine foi
Ne m'a laissé quelqu'autre nom de toi ?
(du Bellay)

Quelquefois le même n'est pas repris, mais encore plus, comme en la première *Catilinaire.*

« Si tes père et mère te haïssaient et te craignaient et que tu ne les pusses apaiser par aucun moyen, tu te retirerais, comme je pense, quelque part en arrière de leur vue. La patrie, qui est notre mère commune à tous, te hait et te craint, et juge que depuis déjà longtemps tu ne penses à autre chose que de la meurtrir. N'auras-tu ni révérence à son autorité, ni obéissance à son jugement, ni crainte de sa force et de sa puissance ? »

La manière de conclure est ici semblable quand la proposition est relative : comme la Nymphe Enone dans Ovide conclut à l'erreur de sa folle pensée : (103)

Quand Paris sans mourir, Enone laissera,
Xanthe droit contre-mont ses ondes tournera.
Or Paris maintenant peut vivre sans Enone :
Xanthe, va contre-mont et tes ondes retourne !
(Ronsard)

DEUXIÈME MANIÈRE CONDITIONNELLE

La deuxième manière conditionnelle reprend la contradiction du conséquent et conclut la contradiction de l'antécédent. Et par conséquent, elle est appelée au deuxième des *Topiques*, conséquence renversée par contradiction, comme Cicéron juge en *Luculle*:

Si le sage consent à quelque chose, il opinera.
Or jamais il n'opinera.
Partant donc, il ne consentira à aucune chose.

Par ce même syllogisme, Ovide juge sa folie au deuxième des *Tristes* :

Si j'étais sage, à bon droit j'eusse pris
< Depuis> déjà longtemps les filles immortelles
De Jupiter en haine et en mépris
Contre leur père à si grand tort cruelles.
Mais maintenant telle fureur me tient
Qu'au roc heurté toujours mon pied revient.
(Belleau)

Quelquefois la contradiction des parties n'est point expressément reprise ni conclue, mais quelque autre opposé est supposé : comme Cicéron en la quatrième *Philippique*, juge qu' Antoine est ennemi de la République : (104)

Si Antoine est consul, Brute est ennemi.
Si Brute est conservateur de la République, Antoine est ennemi.

Ces deux manières de jugement syllogistique sont sur toutes usitées, également par Aristote, bien qu'il n'en ait pas compris l'art, sinon par lumière naturelle, souvent il conforme son jugement par une telle conclusion, voire qui plus est, au deuxième livre du *Syllogisme*, aux deuxième et quatrième chapitres, il s'efforce de conformer la vérité et la constance de tous les syllogismes par les lois et les règles de ces syllogismes conditionnels.

TROISIÈME MANIÈRE CONDITIONNELLE

Deux manières conditionnelles sont avantageusement ajoutées par Théophraste et Eudème, quand l'antécédent est nié et le conséquent est affirmé. Or donc la troisième manière conditionnelle reprend la contradiction de l'antécédent et conclut la contradiction du conséquent. Comme :

Si les Troyens sont venus en Italie sans ton gré, ils sont punissables.
Or ils n'y sont point venus sans ton gré mais en suivant les oracles.
Donc, ils ne sont pas punissables. (105)

Vénus plaide ainsi pour les Troyens au dixième de l'*Enéide* :

Si contre le congé de ta haute puissance
Les Troyens en Itale ont leur demeurance,
Déjà que de leur forfait ils portent le supplice
Et à les secourir ne leur soit plus propice.
Mais aussi si suivant les oracles des Dieux
D'ici haut et ils vinrent en ces lieux,
Pourquoi quelqu'un peut à cette heure changer
Tes mandements, ou bien nouveaux destins forger ?
(Pasquier)

Ainsi Cicéron conclut son jugement de la défense de *Murène :*

« Or s'il m'est loisible de m'en déporter, si je le puis faire par ton aveu, si telle infâmie de lâcheté n'est commise, nulle d'arrogance, nulle coupe d'inhumanité, certes je m'en déporterai volontiers. Mais si refuser labeur, rejeter le suppliant, dépriser les amis, est argument de lâcheté, orgueil et méchanceté, sans merveille cette cause est telle, de laquelle ni diligent, ni pitoyable, ni courtois ne s'en pourrait déporter. »

Cette manière de syllogisme est fort usitée.

QUATRIÈME MANIÈRE CONDITIONNELLE

La quatrième manière conditionnelle reprend le conséquent et conclut l'antécédent, comme Térence conclut en l'*Heautontimorumène* de Clinie et Clitiphon :(106)

Clinie : Si rien de mal n'était arrivé, elles seraient déjà ici.
Clitiphon : Mais elles seront bientôt ici.
Clinie : Il n'y a donc rien de mal.

L'assomption est ornée des circonstances du lieu et des personnes. Le dialogue est ainsi :

« Clinie : Si rien de mal n'était arrivé, elles seraient déjà ici.
Clitiphon : Bientôt elles seront ici.
Clinie : Quand cela adviendra-t-il ?
Clitiphon : Ne penses-tu point qu'elles sont loin d'ici et tu connais les moeurs des femmes : le temps qu'elles se remuent et se déplacent, le temps qu'elles s'accoutrent et s'attiffent, un an passe.

Clinie : O Clitiphon ! J'ai peur.
Clitiphon : Prends courage : voici Dromon avec Syre, les voici ensemble.
Syrc : Que dis-tu ?
Dromon : Il en est ainsi.
Syre : Voire, mais durant que nous devisons elles sont délaissées seullettes.
Clitiphon : Voici ta femme ; entends-tu Clinie ?
Clinie : Oui, certes, finalement je l'entends et la vois et je suis gai, Clitiphon. »

Cette dernière manière est la moins usitée, néanmoins elle est naturelle et souvent employée et est ferme et constante, et ne conclut jamais faussement des vrais antécédents, si l'espèce d'affirmation et de négation est gardée en une telle disposition, qui est la foi et la constance du syllogisme, comprise en la définition de celui-ci.

(107) SYLLOGISME SIMPLE DES PARTIES CONDITIONNELLES

Quelquefois, le syllogisme semble être conditionnel d'autant que la proposition est conditionnelle, mais si la disposition est simple, le syllogisme est aussi simple. Comme :

Si quelque chose désirée advient, elle est agréable.
Ma mignonne tu me reviens désirée.
Tu m'es donc agréable.

Catulle conclut ainsi en la première simple espèce, par proposition néanmoins conditionnelle :

S'il est jamais advenu
Que quelqu'un ait obtenu
Une chose inespérée,
Qu'il désirait ardemment,
Cela lui est proprement
Chose en tout qui lui agrée ;
Or cela m'agrée donc,
Plus que l'or ne me fit onc,
Pour ce qu'à moi ma mignonne
Après le long espérer,
Voire jusqu'à désespérer,
Mignonne, tu te redonnes.
Tu te redonnes à moi.
Non espérant je te vois,
Je te vois d'amour extrême
O journée pour cet heur (108)
Digne de blanche couleur
Et de liesse suprême !
Où est celui, sous les cieux
Vivant plus que moi heureux ?
Où est celui, je vous prie,

Qui voudrait bien contester
Que l'on pourrait souhaiter
Une plus heureuse vie ?
(Le Conte d'Alsinois)

Ainsi Térence conclut et juge en l'*Eunuque* par une proposition relative, et néanmoins simplement :

Ce qui est sans conseil ne se peut régir par conseil.
Amour est sans conseil,
Amour donc ne se peut régir par conseil.

Le syllogisme est ainsi :

Seigneur, tu ne peux régir par conseil chose qui n'a en soi ni conseil ni raison.

Or en amour sont tous ces vices : injures, soupçons, inimitiés, trêves, guerre, paix derechef.

Si tu voulais traiter ces choses incertaines par certaine raison, tu ne ferais rien davantage que si tu prenais peine d'enrager avec raison.

Semblablement il se peut conclure en la deuxième espèce simple :

Si quelque chose est homme, elle est animal. (109)
La pierre n'est point animal.
La pierre donc n'est point homme.

Puis,

Ce qui est homme est animal.
La pierre n'est point animal.
La pierre donc n'est point homme.

Voire, qui plus est, le syllogisme qui a toutes ses parties conditionnelles, peut conclure simplement. Comme :

S'il est honnête, il est louable.
S'il est juste, il est honnête.
Donc s'il est juste, il est louable.

C'est la première espèce simple. Aussi,

S'il est honnête il est louable.
S'il est injuste, il n'est point louable.
Partant, s'il est injuste, il n'est point honnête.

C'est la deuxième espèce simple. Semblablement, quand toutes les parties sont relatives, comme Cicéron conclut au deuxième des *Offices*.

« Quelques philosophes, dit-il, de très grande autorité, ont séparé sévèrement et vertueusement par pensées ces trois genres entre soi confus, car ils estiment tout ce qui est juste, que ce même soit utile, et ce qui est honnête, que ce même soit juste ; de quoi est conclu que tout ce qui est honnête, ce même soit utile. »

C'est la première espèce simple. Pareillement :

Tout ce qui est honnête est louable
Rien qui soit injuste n'est louable.
Rien donc qui soit injuste n'est honnête.

C'est la deuxième espèce simple. Théophraste disait que de tels syllogismes analogisaient et re (110) semblaient aux simples, comme disent les interprètes d'Aristote qui les appellent syllogismes conditionnels, tantôt par tout, tantôt par trois, parce qu'ils ont toutes les parties conditionnelles qui sont trois en nombre.

SYLLOGISME DISJONCTIF

Reste le syllogisme disjonctif qui est un syllogisme composé d'une proposition disjonctive affirmée, dont il y a deux manières proposées par Aristote au deuxième des *Topiques* sous le nom d'opposés sans entre-deux et sans qu'il pensât à aucun syllogisme.

PREMIÈRE MANIÈRE DISJONCTIVE

La première manière disjonctive de toutes parties affirmées reprend l'un et conclut la contradiction de l'autre. Comme

Il est jour ou nuit.
Mais il est jour.
Il n'est donc pas nuit.

Ainsi Junon en parlant à Jupiter, conclut au sujet de Turne au dixième de l'*Enéide*.

Quoi ? si par le coeur déjà tu nous donnais,
Ce que donner tu dédaignes par ta voix,
Et que la vie de Turne encore fût sûre ?
Mais hélas ! je vois bien à cette heure
Que ce pauvre homme (ou je le pense à tort)
Bientôt attend une pénible mort. (111)
Mais plutôt soit seulement une crainte
Qui ait dans moi cette pensée empreint
Et de par toi (qui le peux) soit tourné
En meilleur cours ton dessein obstiné.

(Pasquier)

Cicéron semblablement *Pour Cluence* :

« Mais quand cette condition lui fut proposée, ou qu'il accusa justement et saintement, ou qu'il mourut cruellement et indignement, il aima mieux accuser en quelque manière qu'il pourrait, que mourir en telle sorte. »

La disjonction sera plus claire ainsi :

Il accusera ou il mourra.
Mais il accusera.
Aussi, il ne mourra point.

Un tel syllogisme se forme avec la proposition copulative niée, qui est appelée par Philopone, interprète d'Aristote, complexion négative.

Il n'est pas et jour et nuit.
Mais il est jour.
Il n'est donc pas nuit.

DEUXIÈME MANIÈRE DISJONCTIVE

La deuxième manière reprend la contradiction de l'un et conclut l'autre. Comme :

Brute et Casse sont défenseurs de la République ou parricides.
Mais ils ne sont point parricides.
Ils sont donc défenseurs de la République. (112)

Par ce syllogisme, Cicéron juge en la deuxième *Philippique* que Brute et Casse sont défenseurs et conservateurs de la liberté :

« Jamais donc, dit-il, n'entendras-tu qu'il te faut juger si ceux qui sont auteurs de ce fait sont homicides ou défenseurs de la liberté ? Sois un petit peu attentif et prend pour un moment de temps la pensée de l'homme sage. Et moi qui suis, comme je le confesse, leur familier, comme tu m'accuses, leur complice, je nie qu'il y ait rien entre-deux ; je confesse s'ils ne sont libérateurs du peuple romain et conservateurs de la République qu'ils sont plus qu'assassineurs, plus que meurtriers, plus que parricides, car il est plus cruel de meurtrir le père de la patrie que le sien. Toi, homme sage et bien considéré, que dis-tu ? s'ils sont parricides, pourquoi ont-ils toujours été appelés de toi par honneur et en cette compagnie et devant le peuple ? Pourquoi à ta relation Marc Brute a-t- il été dispensé des lois, s'il était absent de la ville plus de dix jours ? Pourquoi les jeux Apollinaires ont-ils été célébrés à l'incrédible honneur de Brute ? Pourquoi y a-t-on décrété des provinces à Casse et à Brute ? Pourquoi leur a-t-on donné des Questeurs ? Pourquoi a-t-on augmenté le nombre de Lieutenants ? Or ces choses sont faites par toi. Ils ne sont donc pas homicides. Et, pour ce, il s'ensuit que par ton jugement ils (113) soient libérateurs car rien de tiers n'y peut être. »

Les parties de la proposition disjonctive peuvent être plus de deux, et néanmoins l'art de conclure et juger sera semblable, comme Cicéron juge que Rabyre devait être avec les Consuls :

« Or, dit-il, nous voyons ces trois choses avoir été en la nature et condition du fait : c'est qu'il fut ou avec Saturnine, ou avec les bons, ou qu'il se cacha. Mais se cacher était autant que mourir très vilainement. Etre avec Saturnine était indice de fureur et méchanceté. Vertu et honnêteté et honte le forçait d'être avec les Consuls. »

PÉRORAISON DU JUGEMENT SYLLOGISTIQUE

Voilà l'art et jugement du syllogisme tant simple que composé, duquel la proposition est ordinairement de quelque art, comme de Grammaire, Rhétorique, Logique, Mathématique, Mécanique, Physique, Ethique, Politique, des lois divines et humaines et généralement de tous arts. Car les règles et lois qui s'apprennent dans les premières années sont non seulement les premiers jugements de leur vérité, mais sont aussi les propositions et fondements des jugements syllogistiques lesquels après nous concluons des choses spéciales et issues de celles-ci. Quand donc le jugement de la proposition (114) et assomption sera bien assuré , et la collocation syllogistique de celles-ci bien dressée, la question sera aussi bien jugée être vraie ou fausse, car au deuxième jugement le premier est supposé et de lui est empruntée cette double lumière pour éclaircir la conclusion. Et bref, l'art du syllogisme n'invite pas à autre chose que de résoudre la question proposée par la manifeste vérité de deux parties bien disposées. Et ce jugement syllogistique n'est pas proprement en sa forme en partie nécessaire, en partie d'opinion, mais tout à fait nécessaire. Et comme la proposition conditionnelle absolue, ainsi au syllogisme absolu le conséquent est nécessairement conjoint à l'antécédent de telle sorte que si toutes les parties étaient fausses, néanmoins la conclusion serait nécessairement déduite et certes ce ne serait pas un syllogisme s'il ne concluait et jugeait nécessairement. Autrement, si la disposition n'était de toutes parts constante et assurée, une telle conclusion ne serait qu'opinion et quelquefois se trouverait fausse. Ce qui répond ici au jugement de l'énonciation contingente. Or l'usage du syllogisme entier est très rare, car souvent, et presque toujours chez les poètes, orateurs, philosophes, et tous les auteurs suivant l'usage naturel, encore qu'ils traitent des questions syllogistiques, néanmoins quelque partie du syllogisme est délaissée, et tel (115) syllogisme imparfait est nommé par Aristote *enthymème* au deuxième du *Syllogisme*. L'esprit de l'homme parfois est content de la seule proposition, parfois de l'assomption, parfois il conçoit plutôt la conclusion afin qu'elle se puisse dire et exprimer ; néanmoins, en examinant ce jugement syllogistique, il faut remplir les parties qui sont seulement entendues et achever le syllogisme. Martial au cinquième livre en cet enthymème laisse l'assomption :

Ysabeau, lundi <vous> m'envoyâtes
Un lièvre et un propos nouveau
Car d'en manger vous me priâtes
En me voulant mettre au cerveau
Que par sept jours je serai beau.
Rêvez-vous ? Avez-vous la fièvre ?
Si cela est vrai, Ysabeau,
Vous ne mangeâtes jamais <de>lièvre.
(Marot)

Adjointe l'assomption, le syllogisme sera tel :

Si quelqu'un mange du lièvre, il est beau pendant sept jours .
Ysabeau ne fut jamais belle.
Ysabeau donc ne mangea jamais du lièvre.

Cicéron au livre de la *Vieillesse* délaisse ainsi la proposition :

« Le vieillard n'a rien qu'il doive espérer. Et, en cela, est-il plus heureux que le jouvenceau. Car le vieillard est parvenu où le jouvenceau espère parvenir. Le jouvenceau veut vi(116)vre longuement, le vieillard a longuement vécu. »

Il ajoute ici la proposition générale et conclut ainsi :

« Celui qui est déjà parvenu est plus heureux que celui qui espère parvenir.

Or le vieillard est parvenu à longue vie, à laquelle le jouvenceau espère parvenir.

Donc, le vieillard est plus heureux que le jouvenceau. »

Martial au premier livre omet la conclusion :

Jamais Alix son feu mari ne pleure
Tout à par soi, tant est de bonne sorte.
Et devant gens il semble que sur l'heure
De ses deux yeux une fontaine sorte.

De faire ainsi, Alix, si te déporte,
Ce n'est point deuil quand louange on en veut.
Mais le vrai deuil, sais-tu bien qui le porte ?
C'est celui-là qui sans témoin se deult. < =*souffre*>
(Marot)

Empli, le syllogisme est conclu ainsi :

Le vrai deuil est secret.
Le deuil d'Alix n'est point secret.
Le deuil d'Alix n'est donc pas un vrai deuil.

Souvent, comme en Grammaire, les parties d'oraison, ainsi en Logique les parties du syllogisme ne sont pas mises en l'ordre de l'art car le nominatif n'est pas toujours antécédent, ni le verbe conséquent ; ainsi la proposition n'est pas toujours première, ni l'assomption deuxième, ni (117) la conclusion dernière, mais souvent au contraire. Néanmoins, s'il se trouvait quelque obscurité, il les faut résoudre en leur rang artificiel, comme nous avons fait dans les exemples déjà allégués. Mais souvent aussi les parties de la proposition et de l'assomption sont exposées non par deux propositions mais par un long détour, et même, elles sont ornées de plusieurs manières. Ce qui est appelé par Aristote *prosyllogisme* au premier du *Syllogisme.* Alors, pour l'évidence, il faut comprendre l'oraison en un mot, s'il est possible. Cicéron a jugé et conclu toute la défense de *Milon* par un syllogisme, mais pour les longs prosyllogismes interposés entre les parties, cela ne se voit pas facilement par chacun d'eux. Par cela, après avoir séparé ces prosyllogismes, et noté cependant les principaux points, tu pourras ainsi comprendre sommairement le tout :

« Le guetteur et épieur méchant est justement occis. Car l'autorité du peuple et des jugements du Sénat, de Marie, de la loi naturelle et humaine le témoignent et il n'y a aucune loi contraire ni du Sénat, ni de Pompée. »

Tel est le prosyllogisme de la proposition.

Or Clode est guetteur et épieur méchant. or il a épié Milon, accusé d'hostilité, de haine, de mauvaises moeurs, d'espérance d'impunité, ce qui a été entendu par ses paroles et faits. Et (118) qu'il ait été méchant, les faits contre les hommes et les Dieux le démontrent.

Tel est le prosyllogisme de l'assomption, dont est conclu

Aussi, Clode est justement occis.

Voilà le sommaire jugement de cette longue défense. Or donc quand nous entreprendrons de résoudre quelque grande dispute, si la question est quelque énonciation douteuse, le syllogisme portera grand fruit et nous démontrera ce qui sera conclu constamment ou témérairement, qui est la vraie balance de Justice en examinant d'une chose controversée l'équité ou l'iniquité. Finalement, ayons en mémoire que le syllogisme est une loi de raison, plus véritable et équitable que toutes les lois que firent jamais ni Lycurgue ni Solon, en laquelle le jugement de l'énonciation douteuse est établi par sentence nécessaire et immuable. Loi de raison, dis-je, propre à l'homme, n'étant en rien commune aux autres animaux, comme pourrait l'être le premier jugement de quelque part, toutefois seulement pour les choses sensibles et appartenant à leur corps et vie corporelle. Or, le corps ne pourrait avec tous ses sens, encore qu'Epicure fût président en leur cause, conclure un seul syllogisme. Et ce que font les araignées et les fourmis leur est ainsi naturel, comme l'attouchement, et elles ne conçoivent rien par raison d'un tiers, tant (119) s'en faut que, par la saisie et disposition de celui-ci, elles concluent un seul syllogisme. Et certainement, cette partie en l'homme est l'image de quelque divinité. Mais, comme le premier jugement, ainsi le deuxième est souvent troublé et trompé par erreur d'opinion, car, par amour, haine, envie, crainte, cupidité et autres trompeuses affections, nous concluons bien souvent plutôt que par solide et constant jugement du syllogisme, il faut donc exciter et remettre au-dessus ce si grand jugement de l'esprit et l'établir par constance et vérité du syllogisme, autrement notre conclusion sera légèreté, erreur, témérité, non jugement.

MÉTHODE

La méthode est la disposition par laquelle, entre plusieurs choses, la première qui est connue est disposée au premier lieu, la deuxième au deuxième, la troisième au troisième et ainsi de suite. Ce nom signifie toute discipline et démonstration, néanmoins, communément, il est pris pour "adresse" et "abrégement de chemin". Et, sous cette métaphore, elle est pratiquée en l'école par les Grecs et Latins. Lesquels aussi parlant de la Rhétorique l'ont nommée "disposition", par le nom du genre, et sous ce nom, nulle doctrine, ni d'énonciation ni de syllogisme, n'est enseignée en la Rhétorique, mais il y est seulement fait mention de la méthode.

(120) MÉTHODE DE NATURE

La méthode est de nature ou de prudence. Cicéron et Quintilien divisent ainsi cette disposition. Aristote en enseigne aussi semblablement les parties.

La méthode de nature est celle par laquelle ce qui est du tout et absolument plus évident et connu, est préposé, ce qu'Aristote appelle au premier de la *Démonstration*, tantôt plus connu par nature, tantôt précédent par nature, d'autant que ce qui est naturellement plus évident doit précéder en ordre et déclaration de doctrine comme les causes par rapport à leurs effets et par conséquent aussi leurs symboles, comme le plus général et universel par rapport au spécial et au singulier.

Cette méthode est aussi nommée méthode d'art parce qu'elle est gardée en la tradition des arts et doctrines et répond en qualité de jugement à l'énonciation nécessaire et au syllogisme dûment conclu. Or donc, bien qu'en toutes les vraies disciplines, toutes les règles soient générales et universelles, néanmoins les degrés de celles-ci seront distincts. Et chacune précédera d'autant plus qu'elle sera plus générale. Et le généralissime sera le premier en rang et en ordre car il est le premier en clarté et en connaissance. Les subalternes suivront car ils sont proches de clarté. Et de ceux-ci les plus connus précéderont, les moins connus suivront. Et enfin les exemples qui sont spé (121) cialissimes seront mis les derniers. Cette méthode est singulière et unique dans les doctrines bien instituées car en elle, singulière et unique, il est procédé par choses tout à fait antécédentes et absolument plus claires et connues pour éclaircir et illustrer les choses conséquentes obscures et inconnues. Ainsi tous les anciens, comme Hippocrate, Platon et Aristote ont approuvé cette méthode. Hippocrate disant qu'il faut commencer par les choses plus grandes et plus faciles, plus grandes d'usage et de puissance, plus faciles au sens et à l'entendement, comme Galien interprète vraiment Platon, au *Philèbe*, quand il dit que tous les arts, soit qu'ils soient trouvés et inventés par l'induction des choses spéciales en montant aux choses générales, soit qu'ils doivent être déduits par voie contraire en descendant du souverain genre à la multitude des espèces infinies. Et derechef au *Phèdre*, quand il enseigne qu'en la disposition de l'art, il faut considérer deux idées dont la première est la définition du genre, la deuxième, la distribution de celui-ci en ses espèces. Il enseigne la même chose au *Charmide* par l'exemple des médecins qui ne commencent de guérir la partie malade qu' après avoir soigné le corps entièrement. Ce qu'Aristote a soigneusement suivi au premier de la *Démonstration* quand il ensei (122) gne que toute vraie doctrine et science doit procéder par les choses générales et descendre degré à degré aux spéciales. Et il n'est point possible de bien dresser un art par une autre voie, comme nous l'avons démontré plus complètement au neuvième des *Animadversions*, contre Galien et contre les interprètes d'Aristote. Et bref, cette méthode artificielle me semble quelque longue chaîne d'or, telle que l'imagine Homère, de laquelle les annelets soient ces degrés ainsi dépendants l'un de l'autre, et tous enchaînés si justement ensemble que rien ne s'en puisse ôter sans rompre l'ordre et la continuité du tout. Mais afin qu'une chose si grande soit plus familièrement reçue, il nous faut aussi user d'un exemple familier.

Posons que toutes les définitions, distributions, règles de Grammaire soient trouvées et chacune jugée véritablement, et que tous ces enseignements soient écrits sur diverses tablettes, lesquelles soient toutes ensemble pêle- mêle tournées et brouillées en quelque cruche, comme au jeu de la blanque. Ici je demande quelle partie de la Dialectique me pourrait enseigner à disposer ces préceptes ainsi confus et les réduire en ordre. Premièrement, il ne sera pas besoin des lieux d'invention car tout est déjà trouvé : chaque énonciation particulière est prouvée et jugée. Il ne faudra ni premier jugement de l'énon (123) ciation ni deuxième du syllogisme. La méthode seule reste, et certaine voie de mise en place. Le Dialecticien donc choisira, par la lumière de la méthode naturelle, en cette cruche, la définition de la Grammaire, car cela est le généralissime et la mettra au premier lieu. "Grammaire est doctrine de bien parler". Puis, il cherchera en cette même cruche la partition de la Grammaire et les placera au deuxième lieu. "Les parties de la Grammaire sont deux : l'Etymologie et la Syntaxe". Conséquemment, en ce même vase, il séparera la définition de la première partie et l'ajoutera au troisième degré après les précédents. Ainsi en définissant et en distribuant, il descendra aux exemples spécialissimes et il les placera en dernier lieu. Et il fera de même en l'autre partie, comme nous avons pris peine jusqu'ici de disposer les préceptes de la Dialectique, le généralissime premier, les subalternes en suivant, les exemples spécialissimes derniers.

Or cette méthode n'est pas seulement appliquée en matière d'arts et de doctrines, mais en toutes choses que nous délibérons enseigner facilement et clairement. Et aussi est-elle commune aux orateurs, poètes et tous écrivains. Les orateurs en leurs préambules et narrations, confirmations, péroraisons, désirent suivre cet ordre et l'appellent alors ordre d'art et de nature. Et quelquefois aussi ils (124) la pratiquent plus soigneusement, comme Cicéron a fait en l'accusation, premièrement en proposant, deuxièmement en distribuant.

« Dès lors et depuis quatorze ans avant le temps présent, dit-il, tu as été Questeur de Cnée Papyre Consul. Et j'appelle en jugement ce que tu as fait dès lors et depuis ce temps -là jusqu'à cette heure. Nulle heure ne sera trouvée sans larcin, méchanceté, cruauté, vilainie. »

Ici est la proposition et description de toute l'accusation. La partition s'ensuit :

« Ces ans sont consumés en la Questure et Légation asiatique et Préture civile et sicilienne. Par conséquent, cette même quadripartite distribution sera en toute mon accusation. »

De ces quatre parties, il a ensuite traité chacune en son rang et lieu, ce qu'il a affecté en toutes autres harangues tant qu'il lui a été possible. Ainsi font les poètes, si quelquefois ils traitent d'une matière d'intelligence et de doctrine, comme Virgile aux *Géorgiques* distribue premièrement sa matière en quatre parts comme j'ai dit, et au premier livre, traite les choses communes à toutes, comme l'astronomie, la météorologie, et discute des blés et de leur labourage, ce qui était la première partie. Il écrit, au deuxième livre, sur les arbres en général et les vignes conséquemment en spécial. Au troisième livre, sur les boeufs, chevaux, bêtes à laine, chèvres, chiens. Au quatrième, sur les abeil (125) les. Ainsi Ovide aux *Fastes* s'est efforcé de suivre la grâce de cette disposition. Il a proposé au commencement le sommaire de son œuvre :

Les temps et leurs raisons selon l'an des Romains
Et les astres du ciel qu'on voit sur les humains
Se coucher et lever, ici je chanterai.
(Le Conte d'Alsinois)

Incontinent après l'imploration, il a fait la partition de l'an faite par Romule premièrement en dix mois, laquelle il reprend et soudain ajoute celle de Nume en douze.

Quand Romul' ordonnait le temps premièrement
Il voulut qu'en son an eut dix mois seulement.
(de Bruès)

Et de Nume après :

Nume ajouta deux mois : le premier fut donné
A Janvier, le second a été ordonné
Pour faire sacrifice aux ombres et aux mânes
Des aïeux trépassés.
(Le Conte d'Alsinois)

Finalement, il poursuit chaque mois en son lieu et ordre et montre en sa préface le soin qu'il a de suivre tel ordre :

Il me suffit de dire une fois tout exprès
Ce que par ci par là je pourrais dire après
Pour n'être point contraint rompre l'ordre des choses.
(Le Conte d'Alsinois)

Davantage, il nous faut ici avertir d'une chose, que non seulement, nous poursuivions l'ordre des parties distribuées mais qu'après que chacune (126) soit exposée, nous signifions brièvement les choses déjà dites et celles qui restent à dire. Car par ces notes de transition, l'esprit est recréé et excité. Ce que fait Cicéron très soigneusement comme *Pour la loi Manile*, après avoir distribué en trois parts sa harangue, qu'il parlerait premièrement de l'espèce de la guerre et de sa grandeur, et d'élire un capitaine :

« Parce que, dit-il, j'ai parlé de l'espèce de la guerre, à cette heure je parlerai en peu de paroles de la grandeur. »

Et puis après :

« Il me semble que j'ai tenu propos assez long, pourquoi cette guerre serait d'espèce nécessaire, de grandeur périlleuse. Reste à parler du capitaine qu'il faut choisir et à qui remettre de si grandes affaires. »

Ainsi, Virgile au commencement du deuxième des *Géorgiques* fait la transition :

Jusqu'à ces vers ici nous avons par nos chants
Dit les astres du ciel et la labeur des champs :
Or' Bacchus je te chante, et les sauvages plantes,
Et tardement aussi les olives naissantes.
(Ronsard)

Ainsi, Ovide en la fin du premier et commencement du deuxième des *Fastes* :

Janvier est achevé. Or croisse à cette fois
L'année avec mon vers, ainsi que l'autre mois
S'ensuit, semblablement s'ensuive l'autre livre.
(Le Conte d'Alsinois)

Telle est donc la méthode de nature et de doctrine, facile à enseigner, mais fort difficile à exercer et pratiquer, dit Socrate au *Philèbe* de (127) Platon ; et non sans cause. Car nul ne pourrait bien user de cette méthode qui ne puisse auparavant bien user et des lieux d'Invention et du premier et deuxième Jugements. Mais davantage, il est infiniment plus grand et difficile de bien disposer et mettre en place par cette méthode artificielle qu'il n'est et d'inventer et de bien juger par énonciation et syllogisme. Et sans doute, l'art est ici beaucoup plus excellent qu'il n'était au premier de l'Enonciation et deuxième du Syllogisme. Ce qui se peut entendre par un admirable exemple de toutes les sciences et disciplines dans lesquelles beaucoup de choses sont parfaitement jugées par le premier et deuxième jugements mais nulle science, même celle des éléments d'Euclide dont la méthode est estimée très parfaite, n'est assez soigneusement jugée et mise en place par cette méthode artificielle, comme plus amplement, il sera montré quelque jour en ces mêmes éléments disposés par cette voie.

« Et par conséquent, comme dit Socrate au lieu même, la lumière de cette méthode est un don des Dieux, conférée aux hommes par un Prométhée avec un feu reluisant et resplendissant. Ainsi les anciens plus parfaits que nous et plus familiers aux dieux nous ont enseigné cet oracle. »

Nous connaissons par ce lieu de Socrate, l'antiquité et l'excellence d'un tel ordre. (128)

MÉTHODE DE PRUDENCE

S'ensuit la méthode de prudence en laquelle les choses précédentes non pas du tout et absolument plus connues, mais néanmoins plus convenables à celui qu'il faut enseigner, et plus propices à l'induire et amener où nous prétendons. Elle est nommée par les Orateurs disposition de prudence, parce qu'elle réside grandement en la prudence de l'homme plus qu'en l'art et les préceptes de doctrine, comme si la méthode de nature était jugement de science, la méthode de prudence était jugement d'opinion. Bien que cette méthode s'observe quelquefois chez les philosophes, poètes et orateurs, car nous pouvons ici rapporter ce qu'Aristote appelle *Crypse*, c'est-à-dire cachée et trompeuse insinuation, de laquelle il a parlé au deuxième du *Syllogisme* et au huitième des *Topiques* et au premier des *Elenches* par plusieurs avertissements qui sont en somme : commencer au milieu et ne point déclarer au commencement son entreprise, ni déduire les parties de celle-ci, chercher de bien loin les moyens et antécédents de notre attente et ce, principalement, par similitude et parabole, et les poursuivre aussitôt si notre partie est imprudente, car de tels esprits se laissent immédiatement surprendre. Si c'est un homme avisé et fin, il ne faut pas aussi (129) tôt manifester nos pièces l'une après l'autre, mais changer, entremêler, frivoler, feindre le contraire, se reprendre, ne montrer aucun semblant d'y penser, dire que c'est chose vulgaire et accoutumée, se hâter, se courroucer, débattre, procéder par grande hardiesse, et en fin finale découvrir et exécuter l'embûche si bien que l'adversaire étonné dise : “ A quelle fin tend ceci ?” Aristote a observé ces avertissements de son maître Platon dans les dialogues où Socrate use souvent de telles ruses contre les Sophistes qui ne voulaient pas être enseignés par lui. Et partant, quand leurs folles opinions sont ainsi réfutées, ils se mettent en colère contre Socrate et l'appellent en un lieu “torpille”, en l'autre “ Dédale”, tantôt “enchanteur”, tantôt “sophiste”, comme si par cette méthode il les eût engourdis, et abusés par fantôme, charme et trompé par quelque masque et apparence de raison. Le poète, outre qu'il est souvent excellent en toutes les parties de la Logique, est encore plus admirable en cette partie. Il se propose d'enseigner le peuple, c'est-à-dire les bêtes à plusieurs têtes et, par conséquent, déçoit par maintes manières . Il commence au milieu et là, souvent, y comprend le premier ; finalement, il conclut le dernier par quelque vers incertain et inopiné, et comme dit Horace en son *Art poétique* : (130)

Et le retour de Diomède pas
Ne va compter dès la mort et trépas
De Méléagre, ou deux oeufs recenser

Pour des Troyens la guerre commencer.
Toujours il tend à finir son propos,
Et au milieu rend l'auditeur dispos
A concevoir les choses précédentes,
Qu'omises a comme bien évidentes.
Et ce qu'il voit ne pouvoir prendre teint,
En écrivant aucunement n'atteint,
Et tellement ses fictions pallie,
Ainsi le vrai avec le faux il lie,
Que le milieu du premier ne diffère,
Et que la fin au milieu se réfère.
(Pelletier)

Ainsi, Virgile a pris Enée sortant de Sicile et lui a donné au milieu de la narration des choses passées et a induit l'extrémité troublée de plusieurs fortunes. Ainsi, les poètes comiques, bien qu'ils ordonnent avec grand conseil et jugement leurs comédies par actes, scènes, offices de personnages, font néanmoins que toutes choses y semblent être fortuites et inopinées. Un exemple de ces finesses est singulier en l'*Eunuque* de Térence. La dame Thaïs avait deux amis, Thrason et Phédrie, et pour Thrason avait forclos Phédrie et le voulait forclore encore quelques jours afin d'avoir de Thrason une esclave pucelle qu'il lui promettait. Or donc, pour apaiser Phédrie et le persuader davantage, qu'il cédât quelques jours à (131) Thrason, ces cryptiques sont finement employés : elle ne donne au commencement aucun signe de ce propos mais elle se lamente en simulant le contraire et fait une longue narration en bâtissant les moyens de son entreprise en laquelle sont mêlées plusieurs choses frivoles et affections, et en fin, quand elle estime que l'esprit de l'adolescent auparavant courroucé est adouci, voire presque tout à fait réconcilié, elle dit :

« Je te prie, mon doux ami, aide moi en ceci afin que plus facilement se fasse.

Permet qu'il ait ce peu de jours le premier lieu chez moi. »

Alors certainement elle a mis en dernier ce qu'il aurait fallu mettre en premier, si nul sentiment ne l'en avait empêchée. Ainsi dissimule cette femme si finement, tant à point à personne irritée qu'à la fin le jouvenceau s'écrie, démontrant qu'il est pris :

« Ah ! je ne savais pas à quelle fin tu tendais ! »

La sagesse de cette méthode a été semblablement notée par les orateurs, quand ils conseillent en l'exorde, avant que de proposer ou de narrer la chose dont il est question, de gagner outre l'intelligence, davantage la grâce et l'attention de l'auditeur, et le retenir parmi le discours de quelque changement de propos, et par quelque redite ; et en la péroraison, l'émouvoir tout à fait pour nous favoriser. Car, comme dit Aristote au troisième de la *Rhétorique*, de tels exordes et péroraisons ne sont point nécessaires à bien enseigner le bon auditeur qui, de soi, aime et demande la vérité. (132) Et bref, toute chose employée outre la méthode de doctrine est souvent blâmée par Aristote en l'*Organe* ce qui toutefois est prudemment recommandé pour l'occasion de l'auditeur et par lui-même, et par les orateurs, par lesquels il est davantage averti, qu'en la cause déshonnête et admirable, il ne faut point entrer par le vrai chemin mais par quelque insinuation détournée, et qu'il ne faut pas mettre en avant ni proposition ni partition, non plus que le chirurgien ne montre la lancette au timide avant d'avoir fait l'ouverture, comme on le verra dans Quintilien. Ainsi avertit Cicéron en parlant de la disposition, que rien n'est plus grand au jugement de l'homme, qu'après qu'il aura vu en la cause ce qui est bien et mal, que d'embrasser le bien, l'enrichir, l'augmenter, demeurer tout à fait en lui et s'y attacher et fuir le contraire, voire quelquefois ne rien répondre à un lieu fâcheux et difficile tellement toutefois qu'il ne semble fuir et quitter les armes mais plutôt qu'il semble faire quelque bravade, non pas par crainte aucune mais pour occuper une place plus commode pour mieux combattre. Ce que cet orateur a sagement pratiqué. Il propose en la deuxième *Agraire* une longue insinuation sous couleur d'action de grâce quand il feint d'être populaire et tout à fait dévoué au peuple, qui vient néan (133) moins expressément pour subvertir la cause du peuple. Il n' a proposé ni question ni partition en l'épître qu'il envoie à son frère de l'office du gouvernement de province et, après qu'il a traité et enseigné ce qu'il voulait

« Je ne sais, dit-il, comment mon oraison est tombée en forme d'enseigner, vu que je n'avais délibéré au commencement d'écrire de telles choses. »

Et cela est se reprendre et feindre une autre occasion. Il a aussi pratiqué en ses harangues et oraisons souvent précipitation, courroux, querelle par lesquels il a conduit l'auditeur troublé où il a voulu. Voire, comme Plutarque le relate, il s'est glorifié publiquement de ceci contre Numace absous par son éloquence :

« Toi donc, Numace, es-tu échappé et absous par toi et non par ce que j'ai épandu grandes ténèbres à l'entour de la lumière en ton jugement ? »

L'audace, la hardiesse, est magnifiquement employée en la *Défense de Rabyre* accusé de lèse-majesté quand quelques-uns du peuple romain émus criaient contre Cicéron.

« Rien, dit-il, ne m'émeut en cette clameur mais au contraire elle me console quand elle montre que quelques citoyens, et non beaucoup, sont fous et ignorants. Jamais, croyez-moi, ce peuple romain qui se tait ne m'eût fait Consul s'il eût pensé que je dusse être troublé par votre clameur. Combien déjà est plus calme et (134) adouci ce combat ? Et que ne contenez-vous la voix, indice de votre folie, témoin de votre petit nombre ? »

Et certes, la liberté qu'appellent les orateurs n'est pas autre chose que cette hardiesse. Et bref, tous les tropes et figures d'élocution, toutes les grâces d'action, qui est la Rhétorique entière, vraie et séparée de la Dialectique, ne servent à autre chose que de conduire ce fâcheux et rétif auditeur qui nous est proposé en cette méthode, et n'ont été à d'autre fin observées que pour l'orgueil et la perversité de celui-ci, comme Aristote vraiment l'enseigne au troisième de la *Rhétorique*. Ainsi donc, nous voyons comme cette méthode de prudence a été enseignée et pratiquée par les philosophes, poètes et orateurs, et connaissons par leurs préceptes et exemples combien est grande cette prudence, mais nous le connaîtrons beaucoup plus par les affaires journalières et les négoces des hommes chez lesquels cette insinuation avisée, s'il faut persuader quelque chose à celui qui n'y veut entendre, obtiendra facilement le premier lieu. A cette cause, le dialecticien, si l'entrée de l'artificiel et du vrai chemin est fermée, se fera une autre voie par force d'esprit et prudence, et cherchera de toutes parts toutes aides de coutume et usage parce ce qu'il est destitué du secours de la doctrine ; et parce qu'il ne peut tenir la droite (135) course, il changera de voiles et conduira par tels vents qu'il pourra, la nef sauve et entière au port. Et comme au temps passé, les Spartiates étaient loués entre leurs citoyens de ravir occultement, ainsi même sans comparaison davantage, il sera loué d'avoir gagné par cette prudente méthode le consentement du rebelle et du répugnant.

PÉRORAISON DE LA MÉTHODE

Or le jugement de méthode tant de doctrine que de prudence est la souveraine lumière de raison, en laquelle non seulement les autres animaux n'ont rien de commun avec l'homme comme ils pourraient avoir au jugement de l'énonciation, mais plus encore les hommes entre eux sont en cette louange grandement dissemblables. Car bien qu'ils soient tous naturellement participants de la faculté syllogistique, néanmoins le nombre est bien petit de ceux qui s'occupent d'en bien user, et de ce petit nombre, encore est bien moindre la quantité de ceux qui savent disposer par bonne méthode et juger. Si bien qu'autant que l'homme surmonte les bêtes par le syllogisme, d'autant lui-même excelle entre les hommes par la méthode et la divinité de l'homme ne reluit en nulle partie de la raison si amplement qu'au soleil de cet universel jugement.

Mais, comme nous avons averti en l'Invention, que l'exerci (136) ce montrait le fruit de l'art, ainsi il nous faut ici penser que non pas l'art seul mais beaucoup plus l'exercice de celui-ci et la pratique font l'artisan. Ce que presque seul Platon poursuit en toute sa philosophie et ne s'oppose quasi en rien à l'instruction d'aucune doctrine mais par tout et perpétuellement nous exhorte à l'œuvre et à la pratique. En quoi, le suivant, Aristote dit très bien au deuxième du *Syllogisme* et au premier de la *Démonstration* que savoir seulement les règles universelles sans savoir l'usage particulier n'est point savoir absolument et actuellement, ainsi que l'homme peut errer souvent dans les choses spéciales bien qu'il en ait la science générale et à ce propos même dit, au huitième de la *Philosophie*, qu'il n'est pas possible que soit maçon celui qui jamais ne maçonna, ni harpiste celui qui ne joua jamais de la harpe et quand les maîtres du métier montrent que leurs apprentis sont ouvriers alors qu'ils s'estiment avoir accompli le devoir de maître. Autrement si l'homme est savant en l'art et ignorant en la pratique, ce sera, dit-il, le Mercure de Passon, et on ne saura si la science est dedans ou dehors. Car étant cette statue, comme Alexandre le relate, de telle sorte assemblée de toute part qu'on n'y apercevait rien de raboteux non plus qu'en un miroir, Mercure semblait être de (137) dans ; au contraire, quand on ne voyait aucun assemblage, il semblait qu'il était dehors et qu'il n'était pas possible de l'avoir enclos dedans. Finalement, comme il le dit lui-même au neuvième des *Morales à son fils*, ce n'est pas assez de savoir ce qu'est la vertu, mais il faut prendre de la peine à l'acquérir et d'en user. Par conséquent, que nul n'estime être Logicien pour avoir appris les lois et ordonnances de la Logique comme par grande folie communément nous l'estimons, mais ainsi que nous le voyons dans tous les arts, même mécaniques, l'apprenti passe un certain temps à observer et à considérer non seulement les ordres du maître, mais bien davantage les exemples et œuvres de celui-ci, en l'imitant petit à petit, et par cette méditation et imitation en fin de son apprentissage fait quelque chef d'œuvre pour approuver sa diligence et acquérir le degré de maîtrise. Et puis, continuant l'exercice et pratique de son art pendant plusieurs années en donnant publiquement à connaître à chacun l'excellence de son industrie, il acquiert bruit et renommée d'être grand et souverain maître en sa profession. Ainsi, pour avoir le vrai lot de Logique il n'est pas assez de savoir caqueter en l'école des règles de celle-ci, mais il les faut exercer et pratiquer chez les poètes, orateurs, philosophes, c'est-à-dire en toute espèce d'esprit (138) en considérant et examinant leurs vertus et vices, en imitant premièrement par l'écriture et par la voix leur bonne invention et disposition, et puis en tâchant de les égaler, voire de les surmonter en traitant et disputant de toutes choses par soi-même, et sans plus avoir égard à leurs disputes. Et quand ce disciple logicien aura par une telle diligence et assiduité pendant longtemps confirmé l'intelligence de la logique, alors qu'il se présente hardiment à l'épreuve et à l'examen de maîtrise. Et après avoir fait foi de telle étude, qu'il soit mis en la chaire et jouisse des privilèges proposés par la république à une telle vertu. Cette louange de dialectique ainsi pratiquée et exercée est attribuée proprement à la secte péripatéticienne. La parole d'Aristote est comparée au fleuve d'or. Or ce fleuve d'or est issu de cet exercice. Tyrtame, disciple d'Aristote fut appelé par son maître *Théophraste*, c'est-à-dire parlant divinement. Cette divinité de parler est descendue de cet exercice. Straton, auditeur de Théophraste fut estimé très éloquent. Or cette éloquence fut engendrée par cet exercice. Lycon, sectateur de Straton, fut surnommé *Glycon*, c'est-à-dire doux. Or cette douceur découla de cet exercice. Semblable louange et pour une cause semblable fut donnée à Phalérée, et qu'il était non seulement subtil disputateur mais aussi doux orateur. A cet(139)te cause nous devons embrasser cet exercice afin d'acquérir ces mêmes louanges. Et en voulant suivre la philosophie péripatéticienne, suivons aussi la diligence, méditation, industrie et exercice de celle-ci. Autrement, comme je l'ai dit, tant que nous penserons être logiciens pour avoir appris les préceptes de la logique, et en avoir disputé en l'école l'un contre l'autre, sans interpréter par elle ni conseil ni jugement d' aucun auteur , sans imiter les vertus des grands, sans nous exercer en écriture, ni harangue aucune, une telle logique ne sera dès lors pas le clair miroir de l'Invention nous représentant les espèces de toutes choses, elle ne sera pas non plus le soleil du jugement connaissant la conjonction de toutes choses, mais elle sera seulement comme une vue troublée et éblouie et bien souvent prenant l'un pour l'autre. Et il vaudrait beaucoup mieux avoir l'usage sans art que l'art sans usage. Car par l'usage de la raison sans art nous voyons, en toutes parts de la République, maints hommes sages et de bon jugement, c'est-à-dire grands logiciens et dialecticiens. Et par l'art de raison sans usage, nous connaissons seulement en nos écoles, selon le dire d'Aristote, je ne sais quels Mercure de Passon.

A cette cause, Mécène, je prierai le Dieu tout-puissant qui est le seul parfait logicien et qui seul en tout et partout use parfaitement de la raison, qu'il vous con(140)tinue le bon vouloir de maintenir et avancer cette philosophie, et toutes honnêtes et libérales disciplines, et que, non seulement nous vivants, mais toute la postérité se réjouisse des insignes bienfaits de Charles de Lorraine.

APPENDICE

[pour la page 51. Texte de 1576 remplaçant le passage sur *L'énonciation*]

Jusqu'ici, nous avons parlé de la première partie de la Dialectique sous l'invention, reste l'autre partie touchant le jugement qui enseigne à disposer les arguments pour bien juger. Car par certaines règles de disposition, on juge de chaque chose donc cette partie est appelée en une même signification Jugement et disposition. Le jugement est sans discours comme l'axiome, ou discursif. L'axiome est la disposition d'un argument avec l'autre, par lequel on juge si une chose est ou non. L'axiome est affirmé si le lien est affirmé, et au contraire il est nié quand celui-ci est nié.

DE L'AXIOME VRAI OU FAUX

Ensuite, l'axiome est vrai ou faux. Vrai, quand il prononce comme la chose est. L'axiome vrai est nécessaire ou contingent. Nécessaire quand il est toujours vrai et ne peut être faux, et est nommé et marqué par Aristote au premier de la *Démonstration* de cette marque : *Du tout.* L'impossible au contraire ne peut jamais être vrai. Les axiomes des arts doivent être affirmés et vrais généralement et nécessairement en cette sorte, mais outre cela, ils doivent être homogénés et réciproques. L'axiome est homogéné , quand les parties sont essentielles entre elles, comme la forme avec ce qui est formé, le sujet avec son propre adjoint et le propre adjoint est en son sujet par soi et non par aucune autre cause. Le genre a ses espèces auxquelles il est essentiel et est marqué et appelé : *Par soi.* L'axiome réciproque est quand le conséquent est affirmé et vrai de son antécédent non seulement du tout et par soi mais aussi réciproquement, comme : *la Grammaire est l'art de bien parler, la Rhétorique de bien dire, la Dialectique de bien raisonner, l'Arithmétique de bien compter, la Géométrie de bien mesurer, l'homme est un animal raisonnable, la Grammaire est composée de deux parties, Etymologie et Syntaxe, le nombre est pareil ou non-pareil, le loup est né pour hurler.* Et il est appelé *universel premièrement.*

Les axiomes donc sont généralement nécessaires ; ils sont de parties essentielles, comme les premiers exemples ou définitions sont faites du genre avec sa forme et fin, les autres sont de l'entier avec ses parties qui lui sont essentielles, et du genre en ses espèces auxquelles il est essentiel, et le dernier est du sujet avec son propre adjoint et le propre adjoint est en son sujet par soi et non par aucune autre cause. Ces mêmes exemples sont aussi de parties réciproques entre soi, et tellement propres que où l'une convient, l'autre convient aussi, de sorte que tout axiome marqué de ces trois marques : *du tout, par soi, universel premièrement*, est la très vraie et la première science, vrai principe et matière de tous les arts, et première cause et moyen de sa vérité, nommée intelligence, qui est à la naturelle raison par soi intelligible, claire et manifeste. Par soi, dis-je, d'autant qu'il est immédiat, c'est-à-dire n'ayant d'autre cause et principal moyen de sa vérité, mais étant par nature évidente et la première lumière de sa science sur laquelle nous n'avons aucun doute, comme seraient à l'oeil quelques illustres et hautes couleurs mises en vue bien claire. Et pour ce, toutes les sciences et arts bien et légitimement décrits sont composés de définitions et distributions lesquelles, d'autant que ce sont des principes immédiats, ne reçoivent d'autre voie de démonstration que celle d'exemples les plus insignes et familiers que nous avons pu choisir, par longue étude et recherche du naturel usage, par l'expérience et observation desquels les arts et disciplines ont été connus, comme l'écrit Platon (...)

L'axiome est contingent quand il est tellement vrai qu'il peut quelquefois être faux aussi, comme : *la Fortune aide les hardis*. Car posé le cas qu'il soit aujourd'hui vrai, demain il se pourra trouver faux, par conséquent le jugement de cette vérité contingente s'appelle opinion, laquelle peut bien être certaine à l'homme pour les choses passées et présentes, mais pour les futures ne le pourrait guère être par nature (...) Et par conséquent Pittaque (...)

Nous avons donc les communes propriétés de l'axiome, suivent les espèces : l'Axiome est simple ou composé. Le simple est compris sous un verbe, ainsi par l'affirmation ou la négation de ce verbe, on affirme ou l'on nie, comme : Le feu brûle ; le feu est chaud ; le feu n'est pas eau. Ici le feu est antécédent, brûle, conséquent. Et en ce lieu est la première disposition des choses inventées, de la cause avec l'effet comme au premier exemple, du sujet avec l'adjoint comme au second, du dissentané avec le dissentané comme au troisième. Selon laquelle tout argument peut être prononcé (hormis les entières comparaisons et distributions ayant leurs parties proposition et redition) en affirmant les consentanés et niant les dissentanés.

L'axiome simple est général, ou particulier, ou propre. Général quand le conséquent commun est généralement attribué à l'antécédent commun, comme

Toute vertu est aimable.
Nulle vertu n'est aimable.

L'axiome particulier est quand le conséquent commun est particulièrement attribué à l'antécédent et ici la contradiction divise généralement le vrai du faux, comme : Quelque clémence n'est pas louable.
Toute clémence est louable.

L'axiome propre est, quand le conséquent est attribué au propre antécédent, auquel axiome on contredit, proprement, comme :

Platon est philosophe.
Platon n'est pas philosophe.

(...)

INDEX DES CONCEPTS

ACADÉMIE 13, 38
ACADÉMICIENS 12,31
ACCIDENT 22-23, 28
ADJOINT(S) 19, 28-29, 51, 57
ADVERSES 30
AME 62
- raisonnable 20
ANIMAL 41, 42, 48, 52, 65
ARGUMENT (S) 13,19, 61, 66
- artificiel 19, 46
- inartificiel 19 46 48
ARITHMÉTIQUE 11, 45, 85
ART (S) 13, 17, 19, 39, 43, 45, 58, 67, 72, 74, 75, 76, 77, 82, 83, 84
- de mémoire 7
- de raison 84
- du syllogisme 73
ASSOMPTION 58- 66
ATTRIBUT 52
AUTORITÉ 13, 48
AXIOME 57, 85-86

BARBARISME 17

CANONIQUE 12, 13
CATÉGORÈMES 19
CATÉGORIES 19
CAUSE(S) 9,19, 20, 51
- efficiente 20-25
- finale 19
- formelle 20
- matérielle 25-26
- premières 25
COMPARAISON 62
- de qualité 36
COMPLEXION 58
COMPARÉS 19, 28, 32-33
COMPOSITION 51
CONCLUSION 58, 74
CONJUGAISON 39, 40
CONJUNCTIO
- rhétorico-dialectique 8
CONSEIL 22-23
CONTREDISANTS 31-32
CRYPSE 79
CYNIQUES 12

DÉFINITION
- parfaite 45

DÉNOMBREMENT 59
DESCRIPTION 45 46
DICHOTOMIE 7
DIEU (X) 15, 16, 17, 45, 47, 48, 56, 61, 79
DIFFÉRENCE 20, 36
DILEMME 49
DISJONCTION 54, 57
- composée 55
- de parties conditionnelles 56
- de parties copulatives 55
- de parties disjonctives 56- 57
- de parties relatives 56
- générale 55
- propre 55
- simple 54- 55
- spéciale 55
DISPOSITION 9,13 18, 51- 84
DISSEMBLANCE(S) 38-39
DISTRIBUTION 40
- par les adjoints 44
- par les causes 40-41
- par les effets 41-43
- par les sujets 43-44
DOCTRINE 15, 77, 78
DU TOUT 57, 86

EFFET(S) 19, 26-27, 28, 41-43, 51
EFFICIENCE 9, 19, 20-25
ELÉMENTS 19
ELOQUENCE 43
ENONCIATION 51-58, 75, 76, 78, 82, 85
- commune 52
- composée 53- 57
- conditionnelle 53- 54
- contingente 58
- copulative 53
- disjonctive 54-57
- générale 52
- propre 52
- relative 53
- scientifique immédiate 57- 58
- simple 51-52, 54
- spéciale 52
ENTHYMÈME 73
EPICURIENS 12, 13
ESCRIME 47
ESSENCE 20, 45

ESPÈCE 41-43, 57, 76
ETHIQUE 72
ETYMOLOGIE 76, 85
EUCLIDIENS 12, 19
EXERCICE 7, 82
EXPÉRIENCE 13, 57
EXPOSITIONS 61
EVIDENCE 86

FACULTÉ
- syllogistique 82
FIN 9, 19
FOI 18, 48
FORCE 18, 42
FORME 9, 19, 20

GENRE 41-43 57, 76
- animal 45
GÉOMÉTRIE 11, 45, 85
GRAMMAIRE 7, 9, 11, 17,18, 45, 47, 72,74,76,85

HOMME 45, 48, 49, 82

IDÉE 20, 44
ILLATION 58
IMAGINATION
- des notions sensibles 52
INDUCTION 8, 13, 44, 76
INVENTION 7, 9, 18, 19, 26, 44, 48-50,82,85

JUGEMENT 7, 18, 51-84
JUSTICE 42

LANGUE(S)
- anciennes 7
- française 7, 8
- vernaculaire 8
LIEUX 19, 31, 39
LOGIQUE 13, 17, 18, 41, 50, 51, 52, 56, 72, 74, 79, 83
LOGISME 59
LOGISTIQUE 59
LOI(S) 46
- divines 72
- humaines 72

LUMIÈRE DE RAISON 82

MATHÉMATIQUE(S) 9, 11, 59, 72
MATIÈRE 9, 19, 25
MÉCANIQUE 72
MÉTAPHYSIQUE 9
MÉTHODE 51, 75- 84
- artificielle 76
- d'art 75
- de doctrine 78, 80
- de nature 75-79
- de prudence 75, 79- 82
- divise 7
MOINS 35-36
MOUVEMENT 20, 22
MOYENS 19
MUSIQUE 39, 47

NATURE 15 22-23, 48
NOTATION 39
NOTIONS
- sensibles 52
NOUVEAUX ACADÉMICIENS 17

OBSERVATION 57- 58
OPINION 13, 17, 18
OPPOSÉS 19, 29-30, 51
ORAISON 17, 18
ORATEURS 14, 40, 73, 79-83

PACTE 47
PAIR
- de France 15
PAR SOI 22-23, 57, 86
PAREILS 33-34
PÉRIPATÉTICIENS 12-13, 58
PHILOSOPHE(S) 14, 43, 48, 73, 83
PHYSIQUE 72
PLUS 34-35
POÈTE(S) 14, 40, 47, 48, 73, 79, 83
POÉTIQUE 43
POLITIQUE 72
PREUVE 19
PRINCIPE(S) 19, 20, 57
PRIVANTS 30-31
PRUDENCE 42
PROSYLLOGISME 74
PROPOSITION 58-75
PUISSANCE
- de connaître 58
- de juger 52
PYRRHONIENS 12, 17, 30
PYTHAGORICIENS 11

QUESTION 47, 58, 59

RAISON 19, 20, 39
RÈGLES 58, 82, 83
- de disposition 51
RELATIFS 30
RÉPUBLIQUE 60, 63
RÉPUGNANTS 32
RÉSOLUTION 51
RHÉTORIQUE 9, 11, 12, 45, 75, 79-82, 85

SEMBLABLES 36-38
SENS 52
SERMENT 47-48
SICILE 80
SOCRATIQUES 37
SOLÉCISME 17
SOPHISTE 79
SOPHISTIQUE 11, 44
SPARTIATES 82
STOÏCIENS 12, 17, 31, 58, 66
SUJET 27-28, Sl, 52, 57
SYLLOGISME 51, 58-75, 78

- absolu 73
- composé 66
- conditionnel 66, 70
- disjonctif 71-72
SYNTAXE 18, 76, 85

TÉMOIGNAGE 47, 49
TEMPÉRANCE 42
TERMES 19
THÈSE 57- 58

TOPI 19
TOPIQUE 19

UNIVERSEL 52, 57
- premièrement 57, 85, 86
USAGE 82-84
- naturel 73

VERTU 18

INDEX DES NOMS PROPRES

ADRASTE 13
AGÉSILAS 63
ALCIMÈDE 21
ALEXANDRE 26, 63, 82
ALIX 73-74
AMPÈRE (A-M) 4
ANAXAGORE 25, 56
ANAXARQUE 12, 17
ANAXIMÈNE 25
ANTISTHÈNE 12, 32, 45
ANTOINE 67
APELLE 14, 63
APOLLON 43
APHRODISÉE 13
ARAGON 15
ARCHÉSILAS 12
ARIEN 26
ARISTIPPE 12
ARISTOTE 7, 8, 12, 13, 14, 17, 18, 19, 24, 25, 28, 38, 47, 53, 55, 56, 61, 65, 70, 76, 83, 84
- *Catégories* 30, 31
- *De la longévité et brièveté de la vie* 41
- *De l'interprétation* 30, 32, 48, 51
- *Démonstration (Seconds Analytiques)* 20, 22, 23, 26, 27, 28, 39, 42, 44, 45, 51, 52, 57, 58, 59, 75, 76, 82, 85
- *Elenches (Elenchus)* 17, 29, 79
- *Ethique à Nicomaque* 32, 82
- *Génération des animaux* 20
- *Organe(Organon)* 12, 13, 80
- *Philosophie (Métaphysique)*12, 13, 17, 18, 20, 22, 23, 24, 25, 26, 27, 29, 30, 31, 32, 33, 36, 38, 41, 43, 44, 45, 52, 54, 56-57, 59, 82
- *Parties des animaux* 25
- *Physique 19,* 20, 22, 52, 59
- *Rhétorique* 13, 30, 33, 38, 39,40, 46, 48, 80
- *Syllogisme (Premiers Analytiques)* 18, 19, 44, 51, 58, 59, 66, 67, 73, 74, 79, 82
- *Sophiste* 11
- *Topiques* 18, 20, 26, 28, 30, 33, 34, 35, 39, 40, 41, 43, 44, 45, 52, 59, 66, 71, 79
ASPASIUS 13, 37
ATHÉNIENS 47
AUSTRASIE 15
AUVRAY G. 9
ATTIQUE 31, 32

BACON F. 7
BAMBALION 39
BELLAYJ.du 7, 8, 21, 29, 33, 46, 67
- *Défense et illustration de la langue française* 8
BELLEAU R. 8, 56, 63, 67
BOGARD 7
BRUÈS G. de 8, 26, 32, 38, 63, 77
BRUTUS 67, 72

CARNÉADE 12
CASQUE 47
CASSIUS 72
CATILINA 26
CATON 3 1
CATULLE 39, 43, 69
CAUCASE 21
CERBÈRE 32
CÉSAR 19, 22, 23, 24, 47, 61, 63
CHARLEMAGNE 15
CHARPENTIER 8
CHÉRILE 43
CHRYSIPPE 54
CICÉRON T. 12, 18, 19, 26, 28, 32, 37,48,58,75,77,81
- *Académiques (Academica)* 43-44
- *Agraires (De lege agraria)* 27, 35,60, 81
- *Catilinaires (In Catilinam Orationes)* 33, 36, 67
- *Défense de Ligaire (Pro Ligario)* 19, 23
- *Divination (De Divinatione)* 66
- *De l'Orateur (De Oratore)* 39, 50
- *Epîtres à son frère* 38
- *Fins (De Finibus)* 34, 58- 59
- *Livre du Destin (De Fato)* 54
- *Luculle (Lucullus)* 67
- *Nature des dieux (De Natura Deorum)* 24
- *Offices (De Officiis)* 42, 70
- *Philippiques (Orationes Philippicae)* 33, 35, 36, 39, 40, 67, 72
- *Plaidoyer de Rosce (Pro Roscio)* 28
- *Pour Cluence (Pro Cluentio)* 71
- *Pour la loi Manile (Pro Lege Manilia)* 78
- *Pour Marc Marcel (Pro Marcello)*22, 36
- *Pour Milon (Pro Milone)* 47, 74
- *Pour Murène (Pro Murena)* 31, 33, 34, 40, 68
- *Pour Planque (Pro Plancio)* 38

- *Pour Rabyre (Pro Rabirio)* 72, 81
- *Topiques (Topica)* 42, 67
- *Tusculanes (Tusculanae Disputationes)* 31, 62
-*Vieillesse (De Senectute)* 73

CLÉON 56
CLIMAQUE 51
CLINIE 68-69
CLITIPHON 68-69
CLITOMAQUE 12
CLODE (CLODIUS) 47, 74
COURNOT A. A.
- *De l'origine et des limites*...4
-*Traité de l'enchaînement*...4
CURCE 26
CRATE (CRATES) 12
CRANTOR 12

DALMETE 21, 34
DARDAN 21
DÉDALE 79
DÉIOPÉ 19
DÉMOCRITE 11, 20, 25
DÉMOPHOON 61
DÉMOSTHÈNE 26
DENYS le tyran 40
DESCARTES R. 4
DIDON 28, 66
DIOMÈDE 79
DION 12
DIODORE 54
DROMON 69

EMPÉDOCLE 25, 38
ENÉE 21, 66
ENNE (ENNIUS) 24
-*Annales* 24
ENONE 67
ÉOLE 19
ÉPICURE 12, 52, 54
ESCHINE 37
ESOPE 37
EUCLIDE 12, 38, 78
EUDÈME 53, 66, 68

FANNE CHÉRÉE 28

GALIEN 13, 36, 76
- *Exhortation aux arts libéraux* 52
- *Opinions* 36, 39
GLYCON 83
GOUVÉA A.de 8

HÉRACLITE 11, 17, 25, 56
HERMOTIME 25
HÉSIODE 24, 25
HIPPOCRATE 11, 26, 36, 36, 39, 76
HOMÈRE 12, 47, 76
HORACE 14, 15, 26, 38
- *Art poétique* 79
- *Epîtres* 38 60
HORTENSE (HORTENSIUS) 26

JASON 24
JÉRUSALEM 15
JUNON 19, 71
JUPITER 71
JUVÉNAL
- *Satyres 24*

LA RAMÉE P.de 4, 7, 8
- *AristotelicaeAnimadversiones* 7, 8, 9, 13, 18, 76
- *Dialectique* 7, 8
- *Praelectiones...* 7, 8, 9
- *Quod sit...* 9
LACYDE (LACYDES) 12
LAËRCE 13, 19, 20, 38
LECONTE D'ALSINOIS D.N. 8, 70, 77, 78
LEIBNIZ G. W 7
LORRAINE C. de 7, 11, 17, 84
LYCON 13, 83
LYCURGUE 74

MARIE 74
MAROT C. 8, 25, 35, 42, 73
MARTIAL 28, 31, 34, 38, 56, 73
MASURES L. des 8, 38
MAXIME 62
MEIGRET L. 7
MÉLÉAGRE 79
MÉLISSE 25
MÉNALOUE 21, 34
MÉNÉDÈME 51 53
MERCURE 82, 84

NUMA 77
NUMACE 81

OCTAVE 61
ONG W J. 8
OVIDE 21, 61, 67
- *Art d aimer* 33, 38
- *Fastes* 77, 78
- *Métamorphoses* 25 42
- *Remède d'amour* 21-22, 29, 36
- *Tristes* 23, 33, 35. 37, 43, 47,

PÂRIS 67
PARMÉNIDE 18, 24
PARMÉNION 26
PASQUIERE. 8, 19, 33, 35, 36, 43, 47, 48, 68
PASSON 82, 84
PÉGASE 7
PELLETIER J. 8, 27, 41, 44, 80
PÉRIANDRE 47
PÉRICLÈS 26
PÉRION J. 8
PHALÉRÉE 13, 83
PHÉBUS 25
PHÉDRIE 80
PHILON 12

PHILOPONE 7 1
PHILOTE 26
PHYLLIS 61
PITTAQUE 56, 86
PLATON 8, 12, 13, 17, 18, 20, 23, 25, 39, 46, 47, 51, 55, 76, 86
- *Alcibiade* 17
- *Charmide* 48, 76
- *Cratyle* 39
- *Gorgie (Gorgias*) 48, 58
- *Hippie majeur (Hippias majeur)* 20
- *Lois* 22
- *Lyse (Lysias*) 43
- *Ménon* 49
- *Minos* 18
- *Parménide* 29, 33, 41, 44
- *Phèdre* 18, 26, 29, 76
- *Philèbe* 20, 76, 78
- *Politique* 40, 41, 44
- *Protagore (Protagoras)* 48
- *République* 17
- *Sophiste* 41, 44
- *Théètète* 44
- *Timée* 17, 19
PLINE
- *Histoire Naturelle* 52
PLUTARQUE
- *La vie de Cicéron* 19, 81
POLÉMON 12
POMPÉE 23, 63, 74
PORPHYRE 13
PROMÉTHÉE 11, 79
PROPERCE 27
PROTAGORAS 11,56
PYTHAGORE 20, 25, 48

QUINTILIEN F. 18, 28, 40, 58, 75

ROMULUS 77
RONSARD P. de 21, 22, 23, 24, 28, 29, 30, 31, 33, 34, 35, 36, 37, 38, 39, 40, 47, 60, 67, 78
RULLE 48
RUSCION 47

SALAMINE 47
SICILE 15, 56
SOCRATE 11, 12, 29, 43, 44, 46, 49, 78, 79
SOLON 74
SOPHOCLE 23
SPEUSIPPE 12, 13, 38
STRATON 13, 83
STYX 25
SYGIENS 47
SYRE 69

TALON O. 7
TÉNÉDIENS 47
TÉRENCE 80
- Adelphes 34
- Eunuque 38, 47, 70
- Heautontimorumène 68
THAÏS 80
THALÈS 25
THÉMISTOCLE 65
THÉOPHRASTE 12, 13, 53, 66, 68, 70, 83
THÉTYS 25
THRASON 80
TIBULLE 30
TUBÉRON 19
TURNE 71
TYRTAME 83

VALLA L. 65
- Dialectique 65
VIRGILE 48
- Eglogues 21, 34, 35, 37, 47
- Enéide 11, 19, 21, 23, 26, 28, 32, 33, 45-46, 66, 68, 71, 80
- Géorgiques 26, 27, 41, 44, 77, 78

WECHEL A. 7

XANTHE 67
XÉNOCRATE 12, 13
XÉNOPHANE 25
XÉNOPHON 37
XERXE 65

YSABEAU 73

ZÉNON d' Elée 11, 29.

TABLE DES MATIÈRES

Avant-Propos 7
Préface 11
Premier Livre : – *De l'Invention* 17
Second Livre : – *Du Jugement* 51
– *Du syllogisme* 58
– *De la Méthode* 75
Appendice 85
Index des concepts 87
Index des noms propres 91
Table des matières 95

Achevé d'imprimer par l'Imprimerie de la Manutention à Mayenne
Avril 1996 – N° 105-96